5歲寶寶

家長一定要會的愛與尊重教養法

美國頂尖教養專家教你的5歲寶寶成長經！

Growing Child 雜誌發行人
丹尼斯・唐 總編輯
毛寄瀛 博士 譯

書泉出版社 印行

Dear源起

四十多年前，《教子有方》的創辦人丹尼斯‧唐（Dennis Dunn）任職文字記者，並擁有一個幸福的小家庭。五歲的兒子和一般小男孩沒什麼兩樣，健康、快樂又聰明，偶爾也會調皮和闖禍。然而，兒子在進入小學不久之後，卻發生了上課不認真、不聽老師的話、注意力不集中的困難。父母眼中活潑可愛的孩子，竟成了老師眼中學習發生障礙的問題兒童；唐家原本無憂無慮充滿笑聲的生活，也因而增添了許多爭執與吵鬧。

經研究與治療兒童學習障礙聞名全球的普渡大學「兒童發展中心」的評估之後，發現丹尼斯的兒子雖然天資十分優異，但對於牽涉到時空順序的觀念卻倍覺吃力。問題的癥結在於，這個孩子的早期人生經驗有一些「空白」之處，也就是有一些在嬰孩時期應該發生的經驗，很不幸沒有發生！治療的方法是，帶領孩子逐一經歷那些沒有發生的「事件」，以彌補不該留白之處的記憶、經驗與心得。

經過輔導之後，丹尼斯的兒子在各方面都表現得相當出色。然而，丹尼斯卻對於孩子小時候因爲自己的無知與疏忽，而感到非常的遺憾。如果在孩子剛出生時，就懂得小嬰兒日常生活的點點滴滴對於日後成長的影響是如此深遠，許多痛苦的冤枉路就都可以避免了。

因此，丹尼斯辭去報社的工作，邀請了「兒童發展中心」九位兒童心理博士與醫師（其中Dr. Hannemann曾任美國小兒科醫師學會副會長），共同出版了從出生到六歲每月一期的《Growing Child》。三十多年以來，這份擁有超過八百萬家庭訂戶的刊物，以淺顯易讀的內容，帶領了許多家長正確地解讀成長中的寶寶。

在千萬封來信的迴響中，許多父母都表示閱讀了《Growing Child》每月的建議，只要在日常生活中略施巧思，即可輕鬆愉快地培養孩子安穩的情緒（想喝奶時不哭鬧、遇見陌生人不害羞、充滿好奇心但不搗蛋……）、預防未來發生學習障礙（口吃、大舌頭、缺少方向感、左右不分、鏡像寫字、缺乏想像力、沒有耐性……），以及當寶寶遇到阻礙與挫折時，恰當地誘導他心靈與性情的成長。

小嬰兒一出生就是一台速度驚人的學習機！孩子未來的智慧、個性以及自我意識都會在五歲以前大致定型。對於期待孩子比自己更好的家長們而言，學齡之前的家庭教育實在是一項無與倫比的超級挑戰！

《教子有方》不僅深入寶寶的內心世界，探討孩子的喜怒哀樂，日常生活中，寶寶摔東西、撕報紙、翻書等的一舉一動亦在討論的內容之中。舉例來說，《教子有方》教導父母經由和寶寶玩「躲貓貓」的遊戲，來幫助寶寶日後在與父母分別時不會哭鬧不放人；《教子有方》也提醒家長，在寶寶四、五個月的時候，多帶寶寶逛街、串門子，以避免七、八個月大時認生不理人。

現代人的生活中，事事都需要閱讀使用說明書，《教子有方》正是培育下一代的過程中不可缺少的「寶寶說明書」。這份獨一無二、歷久彌新、幫助父母啓迪嬰幼兒心智發育的幼教寶典，針對下一代智慧智商（IQ）與情緒智商（EQ）的發展，帶領父母從日常生活中觀察寶寶成長的訊息，把握稍縱即逝的時機，事半功倍地培養孩子樂觀、進取、充滿自信的人生觀。《教子有方》更能幫助您激發孩子的潛能到最高點，爲下一代的未來打下一個終生受用不盡的穩固根基。

推薦序——

啓蒙孩子的心智之旅

生命中很奇特的一件事，就是擁有一個孩子。爲人父母者若具有足夠的知識來扮演他們的角色，這將是一件輕鬆、舒適及令人愉悅的事。

大部分的父母都希望他們的子女長大後是一位奉公守法的人，是一位體貼的伴侶，是一位眞摯的朋友，以及一位與人和睦的鄰居。但是最重要的，是希望孩子們到了學齡的年紀，他們心智健全，已做好了最周全的準備。

正如在第一段所提到的，父母們若具有足夠的知識來扮演他們的角色，這將是一件輕鬆、舒適及令人愉悅的事。

早自一九七一年起，《教子有方》就針對不同年齡的孩子按月發行有關孩子成長的期刊。這份期刊的緣由可以追溯到其發行人發現他的孩子在學校裡出現了學習的障礙，他警覺到，如果早在孩子的嬰兒時期就注意一些事項，這些學習上的困難與麻煩就可能根本不會發生。

研究報告一再地指出，一生中的頭三年，是情緒與智商發展最關鍵的時期，在這最初的幾年中，百分之七十五的腦部組織已臻完成。然而，這個情緒與智商發展的影響力要一直到孩子上了三年級或四年級之後，才會逐步顯現出來。爲人父母者在孩子們最初幾年中的所做所爲，會深深的影響他們就學後的學習能力及態度。

譬如說：

＊在孩子緊張與不安時，適時的給予擁抱及餵食，將會減少往後暴力的傾向。

＊經常聆聽父母唸書的孩子，將來很有可能是一個愛讀書的人。

＊好奇心受到鼓勵的孩子，極有可能終身好學不倦。

當你讀這份期刊的時候，你會了解視覺、語言、觸覺以及外在的多元環境對激發大腦成長的重要性。

我對教育的看法，是我們學習與自己有關的事物。在生命最初的幾年中，豐裕的好奇心與嫻熟的語言能力，將爲孩子們一生的學習路程紮下堅實的基礎。這也是一個良性循環，孩子探索與接觸新的事物愈多，他（她）愈會覺得至關重要，愈希望去發掘新的東西。

你的孩子現在正踏上一個長遠的旅程，爲人父母在孩子最重要的頭幾年中有沒有花費心力，將會深遠的影響孩子一生。許下一個諾言去了解你的孩子，這是父母能給孩子的最大禮物。

《教子有方》發行人

丹尼斯・唐

Dear PREFACE（推薦序中英對照）

Having a child is one of life's most special events and this occurs with greater ease, comfort, and joy when parents assume their roles with knowledge.

Most parents want their child to grow up to be a good citizen, a loving spouse, a cherished friend and a friendly neighbor. Most importantly, when the time comes, they want their child to be ready for school.

As the first paragraph says, this happens with "greater ease, comfort and joy when parents assume their roles with knowledge."

Since 1971, Growing Child has published a monthly child development newsletter, timed to the age of the child. The idea for the newsletter goes back to the time when the publisher's son had problems in school. The parents learned that had they known what to look for when their child was an infant, the learning problems might never have occurred.

Research studies consistently find that the first three years of life are critical to the emotional and intellectual development of a child. During these early years, 75 percent of brain growth is completed.

The effects of this emotional and intellectual development will not be seen, in many cases, until your child the third or fourth grade. But what a parent does in the early years will greatly affect whether the child is ready to learn when he or she enters school.

Consrder this:

* A child who is held and nurtured in a time of stress is less likely to respond with violence later.

* A child who is read to has a much better chance of becoming a reader.

* A child whose curiosity is encouraged will likely become a life-time learner.

As yor read this set of newsletters, you will learn the importance of brain stimulatlon in the areas of vision, language, touch and an enriched environment.

My premise of education is that we learn what matters to us. During these early years, an enriched curiosity and good language skills will lay the foundation for a child life time of learning. It is a positive circle. The more a child explores and is exposed to new situations, the more that will matter to the child and the more that child will want to learn.

Your child is now beginning a journey that could span 100 years. The time you spend or don't spend with your child during the first few years will dramatically affect his or her entire life. Make the commitment to know your child. There is no greater gift a parent can give.

Dennis Dunn Publisher, Growing Child May 2001

Dennis D Dunn

譯者序——

你是孩子的弓

長子出世時我還是留學生，身爲一個接受西式科學教育，但仍滿腦子中國傳統思想的母親，我渴望能把孩子調教成心中充滿了慈愛，又能在社會上昂首挺胸的現代好漢！求好心切卻毫無經驗的我，抱著姑且試試的心理，訂閱了一年的《Growing Child》。

仔細地閱讀每月一期的《Growing Child》，逐漸發現它學術氣息相當濃厚的精闢內容，不僅總是即時解答日常生活中「教」的問題，更提醒了許多我這個生手所從未想到過的重要細節。從那時起，我像是個課前充分預習過的學生，成了一個胸有成竹又充滿自信的媽媽，再也沒有爲了孩子的問題，而無法取決「老人言」和「親朋好友言」。

我將《Growing Child》介紹、也送給幾乎所有初爲父母的朋友們。直到孩子滿兩歲時，望著樂觀、自信、大方又滿心好奇的小傢伙，再也按捺不住地對自己說：「坐而言不如起而行，何不讓更多的讀者能以中文來分享這份優秀的刊物？」經過了多年的努力，《Growing Child》終於得以《教子有方》的形式出版，對於個人而言，這是一個心願的完成；對於讀者而言，相信《Growing Child》將爲其開啓一段開心、充實、輕鬆又踏實的成長歲月！

「你是一具弓，你的子女好比有生命的箭，藉你而送向前方。」這是紀伯倫詩句中我最喜愛的一段，經常以此自我提醒，在培育下一代的過程中小心不要出錯。曾有一友人因堅決執行每四個小時餵一次奶的原則，而讓剛出生一個星期的嬰兒哭啞了嗓子。數年後自己也有了孩子，每次想起友人寶寶如老頭般沙啞的哭聲，就會不由自主地喟然嘆息，當時如果友人能有機會讀到《教子有方》，那麼他們親子雙方應該都可以減少許多痛苦的壓力，而輕鬆一些、愉快一些。

生兒育女是一個無怨容易無悔難的過程，《Growing Child》的宗旨即在避免發生「早知如此，當初就……」的遺憾。希望《教子有方》能幫助讀者和孩子無怨無悔、快樂又自信地成長。

聖荷西州立大學營養學系教師

「營養人生」團體個人營養諮詢中心負責人

北加州防癌協會華人分會營養顧問

毛奇滿

前言——

本書的目的和用意

《教子有方》的原著作者們，是一群擁有碩士、博士學位的兒童心理學專家，而我們的工作，就是在美國普渡大學中一所專門研究嬰幼兒心智成熟與發展的研究中心，幫助許多學童們解決各種他們在學校中所面臨有關於「學習障礙」方面的問題。

在筆者經常面對的研究對象中，不僅包括了完全正常的孩子，同時也有許多患有嚴重學習障礙的孩童。一般而言，這些在學習上發生困難的兒童們，他們在心靈與精神方面並沒有任何不健全的地方，甚至於有許多的個案，還擁有比平均值要高出許多的智商呢！

那麼問題究竟出在什麼地方呢？這許多孩子們的共同特色，就是他們在求學的過程中觸了礁、碰到了障礙！

然而，爲什麼這些照理說來，應該是非常聰明並且心智健康、正常的孩子們，在課堂中即使比其他同年齡的同伴們都還要加倍努力地用功，結果還是學不會呢？

專家們都相信，在這些學習發生障礙的孩童們短短數年的成長過程中，必定隱藏著許多不同於正常兒童的地方。

雖然說，我們無法爲每一位在學習上發生障礙的孩子，仔細地分析出問題癥結的所在，但在不少已被治癒的個案中，我們能夠清楚地掌握住一條共同的線索，那就是這些孩子們在他們生命早期的發展與成長的過程中，似乎缺少了某些重要的元素。

怎麼說呢？以下我們就要爲您舉一個簡單卻十分常見的小例子，讓您能更深一層地明瞭到這其中所蘊涵的重要性。

在小學生的求學過程中，經常會有小朋友們總是把一些互相對稱的字混淆不清，並且也習慣性地寫錯某些字。譬如說，一個小學生可能會經常分不清「人」和「入」、「6」和「9」，也有很多學童老是把「乒」寫成「乓」！

顯而易見的，我們所發現的問題，正是最單純的分辨「左」、「右」不同方向的概念。

在經過了許多科學的測試之後，我們發現到一項事實，那就是一位典型的、具有上述文字與閱讀困難的小朋友，不僅在讀書、寫字方面發生了問題，往往這個孩子在上了小學之後，仍然無法「分辨」或是「感覺」出他自己身體左邊與右邊的不同之處。

大多數的小孩子們在上幼兒園以前，就已經能夠將他們身體的「左側」和「右側」分辨得十分清楚了。

但是有一些小孩子則不然，對於這些一直分辨不出左右的孩子們而言，當他們長大到開始學習閱讀、寫字和數數的時候，種種學業上的難題就會相繼地產生。

一般說來，一個正常的小孩子在他還不滿一歲的時候，就已經開始學習著如何去分辨「左」與「右」。而在寶寶過了一歲生日之後的三至五年之內，他仍然會自動不斷地練習，並且去加強這種分辨左右的能力。

但是，爲了什麼有些小孩子學得會，而有些小孩子就怎麼也學不會呢？

答案是：我們可以非常肯定地說，嬰幼兒時期外在環境適當的刺激和誘發，是引導孩子日後走向優良學習過程最重要的先決要件。

更重要的是，這些發生於人生早期的重要經驗，會幫助您的孩子在未來一生的歲月中，做出許多正確的判斷和決定。

在本書中我們將會陸續爲您解說如何訓練寶寶辨認左右的能

力。這雖然是相當的重要，但也僅只是一個孩子成長的過程中，許許多多類似元素中的一項而已。而這些看似單純自然，實則影響深遠的小地方，相信您是一定不願意輕易忽視的。

如果您希望心愛的寶寶在他成長的過程中，能夠將先天所賦予的一切潛能激發到極限，那麼從現在開始，就應該要爲寶寶留意許許多多外在環境中的細節，以及時時刻刻都在發生的早期學習經驗！

這也正是我們的心意！何不讓本書來幫助您和您的寶寶，快樂而有自信地度過他人生中第一個、也是最重要的六年呢？

親愛的家長們，相信您現在一定已經深刻地了解到，早期的成長過程以及學習經驗，對於您的寶寶而言，是多麼的重要！

筆者衷心要提醒您的一點就是，這些重要的成長經驗，並不會自動地發生！身爲家長的您，可以爲寶寶做許多（非常簡單，但是極爲重要）的事情，以確保您的下一代能夠在「最恰當的時機，接受到最適切的學習經驗」！

本書希望能夠爲您指出那些我們認爲重要，而且不可或缺的早期成長經驗，以供您爲寶寶奠定好自襁褓、孩提、兒童、青少年，以至於成年之後的學習基礎。

在緊接著而來的幾個月之中，以及往後的四、五年之內，您最重要的工作，就是爲寶寶（一個嶄新的生命）未來一生的歲月，紮紮實實地打下一個心智成長與發展的良好根基！要知道，身爲家長的您，正主宰著寶寶在襁褓以及早期童年時期，所遭遇到的一切經歷！

您必然也會想要知道應該在什麼時候，去做些什麼事情，才能夠爲您心愛寶寶的生命樂章，譜出一頁最美妙、動人而又有意義的序曲。

我們希望能夠運用專業的知識，和多年來與嬰幼兒們相處的經驗，成爲您最得力的助手。身爲現代的父母，請您務必要接受本書為您提供的建議！

現在，讓我們再來和您談一談我們所輔導過的個案，也就是那些雖然十分聰明，但是卻在學校裡遭遇到學習困難的孩子們。

我們發現，在絕大多數這些孩子們早期的成長與發展過程中，都存在了或多或少未曾連接好的「鴻溝」。而我們在治療的過程裡，最常做的一件事，就是設法找出這些「鴻溝」的所在，並且試著去「填補」它們。值得慶幸的是，這一套「填補鴻溝」的做法，對於大多數我們所輔導的個案都產生了正面、而且相當有效的作用。

然而，同時也令我們感到非常惋惜的，就是如果這些不幸的孩子的父母，能夠早一點知道他們的孩子在成長的過程中所需要的到底是什麼，那麼大多數我們所發掘出來的問題（鴻溝），也就根本不會產生了。

總而言之，本書想要做的，就是時時刻刻提醒您，應該要注意些什麼事情，才能適時激發孩子的潛力，並且「避免」您的孩子在未來長遠的學習過程中遭遇到困難。

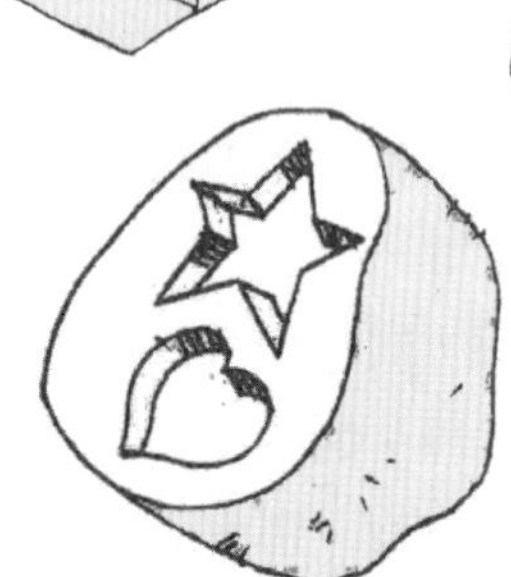

第一個月

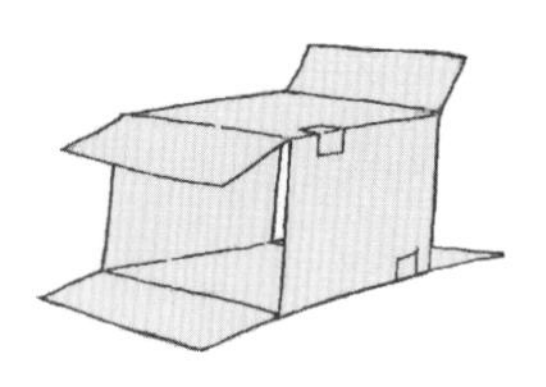

第二個月

第三個月

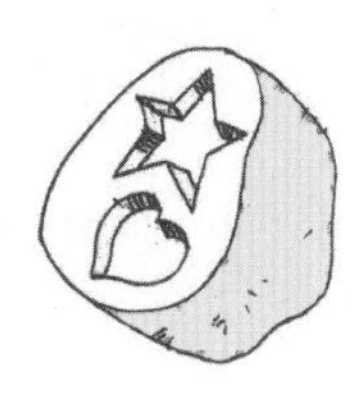

第一個月

先從「愛自己」開始……

親愛的家長們，當您注視著剛滿五歲的「心肝寶寶」時，心中想必會不由自主地爲孩子的一生做一些打算，規劃一些方向，同時也期許與冀望一些美好的遠景！《教子有方》將繼續忠實地陪伴著您與孩子一同成長，塑造寶寶快樂且有自信的人生觀，引導他心智的發展，並且努力將寶寶天生秉賦的一切潛能，淋漓盡致地發揮到最高點。

在這個新階段的開始，我們願意藉著「愛自己」這個重要的課題，爲家長們深入剖析五歲寶寶的情感與智慧，幫助您因爲了解，而能更加貼切、更加有效地教導心愛的寶寶。

寶寶眼中的寶寶

對於自己的感受，是每一個人在生命早期所學會幾項最重要的本事之一。寶寶根據他從出生到目前，短短幾年之內待人接物的「處世」經驗，漸漸地學會了如何「自己看自己」，也就是自我反省。一個擁有正面且愉快處世經驗的孩子，他所看到的自己多半是不錯的，是光明的。這一類型的幼兒多半會「自然而然」地認爲自己很能幹、很重要、很受人歡迎，並且十分爲人喜愛。

相反的，假設一個孩子到目前爲止，大多數的經驗與記憶都偏向負面，那麼這個孩子必然會對於自己的能力感到懷疑，並且經常會害怕自己無法成功。在他的眼中，自己是不好的，是沒用的，是失敗的，是無能的，也是令人生厭的。

《教子有方》系列書籍在過去數年來，一再爲家長們強調生命早期的經驗對於孩子一生的重要性。還記得嗎？寶寶對於自己的感受，左右著未來人生的走向；寶寶的自我意識（self-concept），主導著他著眼外在世界的角度；他的思想、他的言語、行爲也連帶著決定了別人對他的態度和反應。

換句話說，寶寶一生的命運，實在是不折不扣地掌握在他看待自我的「一念之間」，而這份重要的「念頭」，則源自於生命早期所累積的一切經驗。

不是宿命

身爲兒童發展專家，我們幾乎可以比「算命」還要準確地，從一個孩子是否擁有足夠的自信心這一點，「由小看大」地預言這個孩子未來的成就。也就是說，如果寶寶「預期」自己能夠「辦得到」，那麼他多半是會成功的。相對的，如果寶寶「覺得」自己會失敗，那麼，最有可能發生的結果也正是失敗！

在人際關係方面也是一樣，如果一個孩子「相信」他所接觸到的每個人都會喜歡他，那麼他自然會「油然生出」一種引人喜愛的「氣質」。反之，一個無法確定自己是否能「討人歡心」的孩子，他會因此而在與人相處時，表現得退縮、難堪、不自在，「弄假成眞」地令人在心中生出憎惡的感受。一個互爲因果的良性（或惡性）循環也就因此而產生了。

除此之外，一個孩子對於自我的感受，也將會投射在他對於整個外在世界的看法上。

在一個自信滿滿的孩子眼中，這個世界永遠是多采多姿、極度的豐富和有趣。不論他走到哪兒，各式各樣引人入勝的美好事物，似乎時時刻刻都正朝著他歡迎地招手，而他也必能從各種不同的奇妙經驗中，享受到許多前所未曾領會過的優渥賞報！對於這個世界，「自信寶寶」的心中總是滿溢著希望和憧憬！

同理可知，一個對於自己毫無把握、毫無信心的孩子，對於他所身處的外在世界，必然也會抱持著同樣程度的不信任。沒有信心的寶寶，心中總是存在著一股揮之不去的寂寞、失意、被忽略、被拋棄以及落魄的感覺。在他看來，這個世界不僅是冰冷無情，還是一個嚴苛及令人害怕的地方，凡是陌生的人事景物，「不信任寶寶」將一概採取畏懼、擔憂、退縮以及遲疑的態度來回應。

生命調色盤

大部分的人，不論是大人還是小孩，在他們人生經驗的調色盤中，或多或少都擁有一些助長自信心，以及一些摧毀自信心的經驗。因此，在某些方面，我們會因爲過去正面的經驗而覺得自己相當不錯、蠻爭氣的。同樣的，我們每個人也都有一些自慚形愧，自認爲是羞於啓齒的層面。

在這個世界上，舉目四顧，有太多太多的人，正因爲他們喪失了自我肯定的能力，不但永久癱瘓了個人生命的發展，同時也無法挽回地侵蝕了許多重要的人際關係。然而，即使是極度缺乏自信的人，在他的生命調色盤中，也必然存在著某些正面的經驗。

由此，相信讀者們已能豁然開朗地看出，生命早期的各種經驗，對於寶寶的一生而言，扮演的是多麼重要的關鍵角色！早從五年前寶寶呱呱墜地的那天起，他即開始巨細靡遺地累積與整理一切可以幫助他了解自我的資料。對於「我是誰？」、「我在這個世界上所占有的分量有多少？」這兩個問題的答案，寶寶一直是鍥而不捨地努力追尋，從來不曾懈怠過！

一路走來，您五歲的寶寶已能透過「我的眼光」來省視自我並且面對外在的世界。當然，寶寶也會根據他自己的看法，以及對於世界的想法，來詮釋及體會生命中各種不同的經驗。

親愛的家長們，在五歲寶寶的生命之中，您絕對是最爲重要的一部分。因此，在陶成與造就寶寶自我意識這件大工程的背後，您也無可避免地會成爲舉足輕重的「推手」。不論在寶寶目前的生命調色盤中，是正面的經驗多還是負面的經驗多，您仍然可以幫助他以無比堅定的自信迎接每一個新的日子，將更多絢麗亮眼、神采奕奕的自我，愉悅滿足地納入他快速膨脹的生命中。

我們在下文中歸納並整理出教導寶寶「愛自己」的六項重點，盼望能藉此助您一臂之力，在寶寶的生命調色盤之中迅速增添屬於自信的顏料，爲孩子的一生預先調配好成功的色彩。

幫助寶寶學會「愛自己」

做個有自信的家長

在幫助孩子「愛自己」的許多步驟之中，家長心中充分的自信是最爲重要的「好的開始」。然而，我們從許多臨床的經驗中，卻深切地體會出這是一件十分不容易辦到的事。

身爲兒童心理發展問題的工作者，我們可以了解爲什麼有許多卯足全力愛孩子的家長們，會整日提心吊膽，戰戰兢兢地擔心自己是否有什麼地方做得不好。畢竟，教養子女是您一生之中最重要的一件工作！您在接下這份工作之後，猛然警覺自己不僅學歷不符、經驗也不足，要能做到「不砸鍋」已經是非常「了不起」了，再加上您心中「只許成功不許失敗」的自我期許，難免會令您在教養子女的過程中緊張得步步如履薄冰，忐忑難行！

親朋好友們所提供的「過來人經驗和建議」、報章雜誌和書報刊物中各種「專家們的現身說法」，以及您心中「愛子心切的第六感」與「母子連心的直覺」，不僅經常是毫無交集，還會將您攪得方寸大亂，不知該如何是好。在這種情形之下，您當然稱不上是一位有自信的家長！

該如何爲自己加油打氣，建立起「我是個不錯的爸爸！」、「我是個好媽媽！」的自信心呢？

首先，請您務必要保持冷靜，肯定地告訴自己，對於要將孩子調教成身心健康、樂觀上進、快樂和有責任感的「好人」這個理想，您一定能夠辦得到。也許您目前還無法完全想通未來的每一個細節，對於可能發生的各種問題也尚且沒有最好的答案，但是，「天下無難事，只怕有心人」，只要您能持之以恆繼續不斷地努力，成功必是指日可待的。

其次，請經常試著以「回想自己小時候」的方式，來「設身處地」爲孩子著想，「己所不欲，勿施於人」的道理，您可千萬不能忘了喔！

當然，您還要盡可能地在孩子面前，展現出您最慈祥、最溫和、最有耐性、也最善解人意的那一面。

最後，對於您在孩子身上所犯的過錯，請寬以待之。「人非聖賢，孰能無過」，請您要「大量地」放自己一馬，時時抱著一顆「平常心」，如此您才能迅速地從失敗與錯誤之中，學會成功的竅門。

總而言之，您務必要謹記在心的是，從父母舉手投足之間所流露出的自信，絕對會對寶寶產生大於一切的最佳正面震撼作用。

不要懷疑寶寶的能力

對於自己的孩子，您一定要有信心。相信他有能力從錯誤之

中學習和成長，說服自己，他在成長的過程中所產生的一切「壞毛病」，必然會隨著時間漸漸地被「汰舊換新」，爲「好習慣」所取代。

請將您的目光集中在寶寶的長處和優點之上，多多去發掘那些您所未曾預期的「驚人之處」；放開您的胸襟，敏銳地去尋找隱藏在孩子生命中的各種才華，以愛心的鼓勵來澆灌與培育。

當寶寶將他最好的成果展示在您的面前時，也請您要相信他所付出的一切努力，都是因爲他愛您，他願意以行動來使得您開心。寶寶絕不是因爲害怕您會生氣，或者是要逃避懲罰才努力上進。

最後一點，也是最重要的一點，那就是即使您心中眞的缺少了對寶寶的信心，也請您先別太早下結論。別忘了，在寶寶尚未完全失敗之前，您都要假設他是有能力和會成功的喔（benefit of the doubt）！

鼓勵寶寶相信自己的能力

利用每一個可能的機會，幫助寶寶學會爲自己的成就和本領感到高興。要知道，「自鳴得意」其實正是孕育自信心最佳的搖籃。因此，建議家長們要養成時時冷眼旁觀的習慣，當您看到寶寶「表現得可圈可點」的時候，別忘了要適時問寶寶：「嘿！寶寶，你自己覺得如何呢？」、「不錯是嗎？要不要爲自己拍拍手啊？」

除此之外，您也不妨刻意地在每天之中安排一個全家老少皆可「自我表揚」的時段，以身作則地帶領寶寶，想想看：

「今天做了哪些自己覺得『很好』的事呢？」

在此，我們要提醒家長們，當您在稱讚寶寶和肯定寶寶的時候，請務必做到就事論事，小心不可誇大其詞或是「與事實不符」地「胡吹瞎捧」。譬如說，您不必稱讚寶寶弄了半天仍舊無法完成的拼圖看來是多麼的好看，但是您卻可大力誇獎寶寶，他在試著完成拼圖的過程中是多麼的認眞、多麼的努力和多麼的鍥而不捨！

爲寶寶製造成功的機會

這層道理十分簡單，寶寶必須先有了許多次成功的經驗，才能發展出認定自己能夠成功的自信心。因此，有心的家長們可以先認眞觀察寶寶目前的興趣與本領爲何，然後十分技巧地爲寶寶介紹一些「在他看來」十分有趣、有一點兒難，但又不會太難的活動，給他一些富於趣味的挑戰，延伸他的本事，還要「附帶贈送」成功的保證。

家長們在帶領寶寶進行這些活動時，必須十分技巧地鼓勵寶寶不斷地嘗試直到成功爲止，同時也要努力地克制自我想要「出手」助寶寶一臂之力的衝動。

也就是說，您必須一方面引導寶寶不屈不撓地堅持到底，另一方面則要在必要的時候，「不露痕跡」地暗中爲寶寶簡化他的「任務」，如此，您方能以「事實勝於雄辯」的方式，讓寶寶切實地領會到光憑自己、完全不靠外力協助所獲得的成功滋味。當這種「勝利」一而再、再而三、不斷地發生時，成長中的寶寶會在不知不覺中「練就出」一副事事都胸有成竹的態度，這也正是家長們所欣然樂見的「沉穩的自信」！

訓練寶寶分擔家事

要求，也容許寶寶做一些他能力所及的家事。親愛的家長們，請您不要因爲寶寶做得不好，做得太慢，而將他排除在「生活」之外，剝奪了他學習、練習和長進的機會。不論您正在進行的是哪一件家事，只要您稍稍花一些心思，必定能分派給寶寶一個他能夠愉快勝任的「助理」任務。

在您教導寶寶一項新的工作時，別忘了要「化整爲零」，逐步且仔細地說明每一個細節。而當寶寶正在學習、努力吸收新知的時候，您也務必要能夠「稍安勿躁」地給予寶寶足夠的時間，讓他能夠成功地學會自己爲自己做許多的事。保證您，這麼一來，寶寶將對自己產生極大的好感，也會對自己的能力「刮目相看」呢！

您必須要學會對事不對人

不論寶寶這一回合的表現是成功還是失敗，都請您要避免針對寶寶採取人身攻擊（或讚美）。舉例來說，如果寶寶突然「心血來潮」地將灑落在餐桌上的菜餚飯粒擦得乾乾淨淨，那麼您大可萬分高興，甚至於誇張地謝謝寶寶所做的這件「好事」，但是請您千萬不要以「乖寶寶」或「好孩子」這一類的讚美來回應寶寶。原因在於「乖寶寶」和「好孩子」是一種父母「主觀性」的判斷，寶寶不但無法藉以建立自信心，反而會更加依賴父母的判決，養成「看父母臉色行事」的習慣。

現在，讓我們換一個角度來討論以上的例子。試想，當寶寶「又忘了」將餐桌上的飯粒收拾乾淨時，您該如何來處理此事呢？

很簡單，清清楚楚、明明白白地告訴寶寶，他將餐桌上的飯粒「置之不顧」的「這件事」令您非常的不開心，您不喜歡爲他收拾這些飯粒。但是請您千萬不可罵寶寶「你這個沒良心的壞寶寶」或是「你眞是一個既笨又髒的孩子」，如此令人丈二金剛摸不著頭緒的攻擊與批評，只會使孩子愈發瞧不起自己，愈發覺得自己罪孽深重，不僅無法糾正孩子的不良行爲，還會嚴重地毀壞他的自信心。

因此，您必須學會言之有物、就事論事的說話藝術。別忘了，您不僅要幫助孩子從錯誤和失敗中學習成功的竅門，最終的目的是要幫助寶寶覺得自己很好、很不錯、很令人喜愛！您絕對不會希望寶寶因爲成長過程中必經的一些錯誤，而看貶了自己，認爲自己是個一無是處、面目可憎的大壞蛋。

親愛的家長們，幫助寶寶學會愛自己是您的一份重責大任，在寶寶的成長歲月中，《教子有方》祝福您能夠根據以上我們所列出的各項建議，幫助寶寶接受自己的錯誤，藉著錯誤修正自我，奮力造就一個「好得不能再好」的自我，並且在他所追求的每一個項目上，都能信心滿滿地期待著自己的成功。

關聯遊戲

在《教子有方》系列書籍中，我們會不斷地爲家長們介紹一些針對寶寶心智發展所設計的親子遊戲，幫助家長們寓教於樂地激發孩子的成長。

本月我們爲您和寶寶所安排的關聯遊戲十分的簡單、有趣又好玩，只要利用卡片紙，貼上一些日常生活中常見物品的畫片（您可從報章雜誌上自由剪取），即可帶領寶寶玩玩這一個將有關聯的畫片放在一起的遊戲啦！

一些常見的例子如：

梳子——刷子

襪子——皮鞋

湯匙——筷子

圍巾——帽子

茶壺——茶杯

桌子——椅子

鉛筆——紙

床——枕頭

牙膏——牙刷

雨衣——雨鞋

較爲複雜和困難的配對如：

鼻子——臉

門把——門

雞蛋——蕃茄炒蛋

牛奶——母牛

粉筆——黑板

橘子——柳橙汁

個人魅力

您是不是也和大多數的父母們一樣，希望自己的孩子具備著所到之處皆受人歡迎的好人緣？又或者您還希望寶寶長大之後，能夠擁有友善隨和、交遊廣闊的親和力？

當然，每一位爲人父母者，都樂於見到自己的孩子成爲眾人所喜愛的核心人物。但是我們在此要提醒家長們，成長中的寶寶並不是一塊握在您手中的麵糰，他絕對不可能任憑「您的喜好與願望」而被塑造成「您」所期望的形象。

正如俗語所說的：「一樣米養百樣人」，每個孩子都具有著某些天生的「個人」特質。有些孩子活潑外向、有些具有侵略心、有些敏感、有些安靜，更有些是被動、乖巧……。懂得「因材施教」的家長們，不僅不會因爲孩子的與眾不同，或是與「己」不同，而爲難孩子，反而會抱著開放的心態，欣然鼓勵孩子將他的個人魅力，以最正面和最美妙的方式，大方地展現出來。

風水輪流轉

事實上，不同的人格特性在不同的時間和不同的空間中，也會以各種不同的風情表露出來。

譬如說，有許多成功的科學家或是研究學者，在小學的時候都是同學眼中較爲安靜、沉默和不合群的「怪胎」。同樣的，也有許多在孩提時期因爲好強的天性、健壯的體格和父母的逼迫而造就的小小體育明星，卻在日後的求學過程中因爲無法放下「明星」的身段，反而應驗了「小時了了，大未必佳」這句俗話所預測的結局。

跟著寶寶走

因此，我們衷心地建議家長們，與其硬是牽著心不甘、情不願的寶寶朝著您所希望的方向去發展，倒不如換一種心境，何不跟著「寶寶」的感覺走，放手讓寶寶享受「做一個眞正的自己」的快樂。同時，請您也別忘了要全力護航，引導寶寶在生命的旅程中，成功地駛向一條眞正屬於他的光明大道。

如此，您即可不費吹灰之力，既輕鬆又得意地看著寶寶的個人魅力，一天比一天更加成熟、更加美好，也更加的扣人心弦呢！

讓時間現形

什麼是時間？在我們的生命之中，時間是一項完全抽象，無色、無嗅、無味、無形、不占據任何空間、完全沒有重量，但卻是無所不在、眞眞實實與我們休戚與共的重要元素！

自古以來，人類使用過各式各樣不同的方法來測量時間，從最原始的日出日落、物換星移、潮來潮往和春去秋來，到目前的鐘錶日曆及數位計時器，都是我們用來「定量」時間的媒介。在過去「從月圓到月缺」的一段時間，是現今我們記事本中的兩個星期，而古人「一頓飯的光景」，也大約就是現代人的三十分鐘。

親愛的家長們，您知道五歲的寶寶是用什麼方法來測量時間嗎？想像您目前既不會看鐘，也不會認月曆上的數字，對於時間，您該如何是好呢？沒錯，聰明的五歲寶寶正是藉著每天的生活中，從早到晚所發生的各種「重要大事」和「芝麻小事」，來體會時間的存在。也就是說，「一天」對於寶寶而言，是從「早晨眼睛剛從睡夢中睜開」開始，直到「晚上閉上眼睛睡著了」爲止，這和您的意識之中「一天」是從「早晨六點半」到「晚上十一點半」的定義，顯然存在著蠻大的差距。

如何能令時間以寶寶能夠接受與了解的姿態成功地現形呢？以下我們爲家長們設計了兩種既有效，又有趣的親子活動。您可以兩者皆玩，也可以根據實際的考量，從中挑選一樣最適合寶寶的項目，在遊戲之中不著痕跡地帶領寶寶認識時間的眞面目。

離「過年」還有多久啊？

這項親子活動非常的簡單，您只需要將一份大大的月曆，掛在寶寶可以很容易就看得到也碰得到的地方即可。

挑選一個寶寶滿心期待的日子（例如生日、旅遊、搬家、過年等），先帶著寶寶一起用紅筆在月曆上圈出這一天，然後在接下來的每一天結束的時候，都請寶寶自己在月曆中已經過完的日子上畫一個叉。這麼一來，寶寶不僅可以學會如何估量比一天還要久的時間，他還能對於時間是以等量「小單位」持續不斷前進的觀念，產生一些粗淺的認知。

二十四小時寫眞集

將寶寶一天二十四小時所有的活動，全部明列在一張長長的紙條上，這不僅是一項有趣的親子共同創作，更是幫助寶寶見識到「時間的威力」的好方法。

製作二十四小時時間表所需要的長紙條，必須有八到十公分左右的寬度和大約二公尺半的長度，您可以剪裁紙張黏貼而成，或者您也可以直接利用一般收銀機所使用的紙捲。

用粗的簽字筆在紙條上每隔十公分的地方畫一條線，如此，總共要劃出二十四段相等的區域，代表著一天之中的二十四小時。在每一個空白的區域最上方，分別標上1、2、3……12等阿拉伯數字，別忘了要重複一次（早上十二個小時，晚上十二個小時），然後再在每一個數字外加上一個方形的字框，如此，您所需要的基本材料即算是大功告成了。

以上這項準備工作您可以和寶寶一起動手來做，請別預先設定完成的時間，如果寶寶願意一鼓作氣一個晚上就將之完成，那麼您不妨捲起衣袖奉陪到底。反之，假若寶寶寧願慢條斯理地分段進行，那麼也請您要拿出「長期抗戰」的決心，耐性且堅持地花上幾天，甚至於幾個星期的功夫，來完成這第一階段的製作。

接下來，您和寶寶可以開始爲這份空白的「二十四小時時間表」，注入一些有關於寶寶的「生活內容」。

從早上寶寶起床的時刻開始（例如七點鐘），在那一個小時的空格中貼一張寶寶坐在床上剛睡醒時的相片，或是讓寶寶自由發揮，由童稚的筆觸畫出清晨太陽剛出來時的景色，以最活潑和最生動的方式來「妝扮」這一個時辰。

利用同樣的方法，逐一將一天之中寶寶清醒時分的時段全部塡滿之後，讓寶寶用深藍色的畫筆將晚間睡眠的時段塗滿，一張親子共同製作的寶寶生活寫眞集即算是大功告成。

您可以將長長的二十四小時寫眞集平鋪張開在地上，讓寶寶自由一個小時、一個小時地「仔細品味」其中的樂趣，您還可以在寶寶心情好的時候，邀請爲家人或是來訪的友人們「從頭到尾，從早到晚」地，解說這張寫眞紀錄的每一個細節。

早上、中午、晚上，一天之中所發生的每一件事的先後順序，以及所需時間的長短，都可藉著這項有趣的活動而活生生地呈獻在寶寶面前。寶寶不但會更加懂得「時間」的眞實意義，還可以爲未來學習看鐘讀錶做好完善的準備工作。親愛的家長們，請你要打起精神，今天，對，就是今天，即帶著寶寶「開工」囉！

訓練小小神射手

知道嗎？您五歲的寶寶目前正在快速地發展手眼協調的能力，一個孩子如果能夠發展出眼明手快，甚至於手眼同心（即思想）一般既快又準的能力，那麼他除了在運動技能方面的表現會令人刮目相看之外，在學科方面，不論是讀、寫、演算、使用電腦以及日後測量與實驗的能力，都將處處高人一籌。如此重要又好用的本領，家長們可以經由以下我們所列出的簡易抛物活動，幫助寶寶多多地練習，以能「好上加好」，達到「出神入化」的地步。

教材

一枝粉筆和一個小沙包（米包、或豆包皆可）。

基本玩法

在平地上畫一個圓圈，圓圈之前大約九十到一百公分的地方畫一條筆直的「起拋線」，讓寶寶站在線前試著將小沙包拋進圓圈之中！

家長們可以根據寶寶的能力，酌量放大或縮小圓圈的大小，也可以拉遠或挪近「起拋線」，以調整遊戲的難易程度。五歲的寶寶剛開始的時候可能還無法一投即中，但是大多數的孩子只要能多練習幾次，皆可掌握住其中的要領，大大提高他的「準頭」。因此，家長們此時的任務，就是努力扮演好一位盡職的啦啦隊員，想盡方法增加遊戲的趣味，鼓勵寶寶在尚未成功之前繼續不斷地嘗試和練習。

變化玩法

當寶寶對於上述基本玩法的命中率已達到八九不離十的地步時，您可以在第一個圓圈之後再多畫一個圓圈，並在兩個圓圈之中分別標上1（較近起拋線的圓圈）和2（較遠的圓圈）兩個阿拉伯數字。然後，您不妨指著2號圓圈，請寶寶：「來，試試看，你能不能將沙包拋進2號圓圈中！」

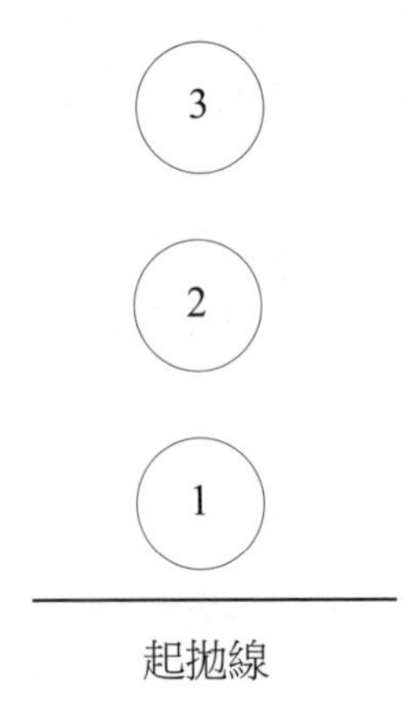

隨著寶寶一次比一次更進步，您還可以繼續增添3號、4號、

5號……等圓圈（如上圖所示），縮減圓圈的大小，延伸圓圈之間的距離。除此之外，您還可以將幾個水桶或字紙簍排成一列，讓寶寶用一個小皮球來練習「投籃」。

別忘了，每一位「神射手」都曾經經歷過如此這般的手眼訓練，而每一位優秀的作家、讀者和電腦專家，也必須藉著類似的活動，方能發展出他們目前的長才。親愛的家長們，我們鼓勵您要儘量多多把握機會，訓練五歲的寶寶成爲小小的神射手喔！

您的壓力大嗎？

大多數五歲大的兒童都是十分的活潑好動，在性情方面，也多半是哭笑分明，來得快、去得也快。他們喜歡跑、喜歡跳、喜歡講話也喜歡問問題；他們可以前一分鐘還好端端、開開心心的，但是後一分鐘卻已是滿臉淚痕、痛哭流涕。您家中五歲的寶寶，是否也曾經在某些晚上溫柔隨和，像一隻小綿羊般乖巧地任由您唱著催眠曲哄他入睡，但是在另外一些夜晚，卻任性賭氣執拗不從，鬧得全家大小雞犬不寧，仍然不肯去睡覺？以上所列以及其他種種數說不盡的「寶寶的鮮事」，往往會成爲家長們心中一股無形的壓力，而在不知不覺中成爲父母們龐大的情緒負擔。

除此之外，壓力也是現代人生活中無法避免的一部分。每個人在說不準的某個時刻，都可能會被壓力所影響。這些壓力有的時候是經年累月逐漸累積而成，有時也可能毫無預警地突然爆發。

身爲家長的您，當然也難逃現實生活中無孔不入的壓力。想想看，在e世代凡事講求速度的社會中，人們除了食、衣、住、行、娛樂樣樣皆快速之外，是否連思想和言語也變得非常迅捷了呢？然而，這種隨著科技進步所達到的速度，非但沒有爲我們換來祥和從容的生活，反而使我們每一個人都變得更加緊繃，更覺得壓力隨時隨處與我們形影不離。仔細想想，高速公路、電腦、微波爐、傳真機甚至於各式各樣比快的電動玩具，是否總是使我們覺得十分緊張、無法輕鬆呢？

生活中的壓力如果不適時適當地加以處理，久而久之很容易造成身體上的不適和病痛，頭疼、不消化、失眠、潰瘍和高血壓等現代人常患有的慢性疾病，都與壓力有著密不可分的關聯。

您該如何抵制和消除這些壓力呢？

首先，您必須要能根據自己的各種情緒和生理反應，察覺出壓力超荷的癥狀。以下我們所列出的即是各種說來不明顯，但是確實有那麼一回事的蛛絲馬跡。當您不由自主地有著這些舉動和反應時，即表示著您生活中的壓力，已多於您所能承受的地步了！

壓力症候群

- 為一些平時不覺得怎麼樣的芝麻小事生氣發怒！
- 開始對一些無法控制的事件（如壞天氣、塞車和停電等）產生強烈的無名火。
- 經常被催迫得要在不可能的時限中完成任務（例如三分鐘午餐、超速趕上下班等）。
- 痛苦和無助地覺得追不上生活的步調。
- 頸部、肩膀和背部的肌肉感到僵直緊繃。

• 不由自主地經常緊握著拳頭，或緊咬著牙關！

• 總是覺得累，即使在一天剛開始，或是還沒有「開工」之前，就已經覺得累得不得了！

• 經常頭疼，尤其是在晚上的時候特別容易頭疼！

親愛的家長們，當您有了以上所列的一些或全部的症狀時，即表示您目前的壓力已經「超載」，爲了您自己的身心健康，也爲了寶寶的成長和發展，我們認爲這該是您開始「減壓」的時刻囉！

未雨綢繆

• 養成習慣，將「心中」所有想做和該做的事情寫在一張便條上，將「還有一大堆事沒有做完」的痛苦意識和重擔，從「心中」下載到便條上。

• 聰明地取決哪些事是非做不可，哪些事有時間期限，而又有哪些事是可以等一等，晚一點再做。要認清一個事實，沒有人能夠將每一件該做和想做的事全都好好的做完。因此，您要懂得如何挑選重要的事情先做，以及如何避免想要面面俱到的衝動。

• 每當您完成了一件任務時，請別忘了要在「工作清單」上清楚地「剔除」此一項目。即便這只是舉手之勞的小事，但卻是非做不可，會爲您帶來直接的成就感，振奮您的「士氣」，幫助您更加鼓舞和起勁地去面對其餘那些尙待完成的工作。

• 在每一件工作上，都請您「寬厚」地爲自己多留一些時間，不要把期限設得太緊迫。當人在時間的壓力下「拚命工作」時，所付出的體力和精力，往往是平時的雙倍或三倍之多！

• 固定爲自己留下一小段寶貝自己的時間，每天一次，每週一次，甚至於每月一次都可以，對自己許下一個承諾，在這一段時間內，您可以恣意地做些平時想做，但卻沒有時間做的事。

• 找一個小小的記事本，在其中記下那些幫助您紓解身心壓力最有效的活動。想想看，在您過去的經驗之中，聽音樂、散步、做瑜珈、和朋友聚會、看電影、織毛線或是打電動玩具，有哪些可以平息您心中的焦慮不安？請您忠實地將之一一記錄下來。

• 定時運動。不論是跑步、跳繩、游泳、打球、空手道、土風舞，只要是您所選擇的運動，都請務必像對待「吃、喝、拉、撒、睡」等生活大事一般，忠實不偷懶地努力行之。

• 結交一位可以與您「分享壓力」的朋友，這位朋友必須懂得聆聽的藝術，並且能信實與牢靠地爲您保守私人的祕密。然而，如果您所面臨的壓力已經較爲嚴重，也已經持續了一段長久的時間，那麼也許專業人員的輔導會有較大的幫助。

特效藥

每個人也都需要事先配妥幾帖臨時救急的「減壓特效藥」。試想，當五歲的寶寶在您穿戴妥當、正準備出門參加一個重要會議之前的二分鐘，將沾滿蕃茄醬的小手，在您雪白的襯衫上印了一個鮮紅的手印，您該如何處理胸中那股猛然竄升、威力強大的「壓力炸彈」呢？此時的您絕對沒有時間藉著泡個三溫暖或聽一段古典音樂來消解壓力，那麼，您不妨試試以下我們所提供的幾帖「減壓特效藥」囉！

• 深呼吸，深深的呼吸！重複五到六次這個動作，慢慢地由鼻子吸氣，由嘴巴吐氣，將思緒集中在呼吸這個動作上，即使只有短短的幾分鐘，相信必能幫助您將部分的注意力，自令您生氣的壓力來源移開。

• 強迫自己將目光凝視著遠方的景物，更好的方式是打開大門，走到室外，去感受一下大自然的神奇療效。

• 放鬆全身從頭到腳的肌肉，尤其是頸部和肩膀。轉動脖子、聳聳肩、扭扭腰、甩甩手、伸伸腿，您會發現當您的身體不再緊繃之後，您的心情也自然而然會稍微鬆懈下來。

• 試著利用眼前的僵局幽自己一默，告訴自己，沒有什麼大不了的，多年之後當您和「寶寶」共同回想起這一件「糗事」時，應當是十分溫馨和有趣的呢！

提醒您！

❖ 您要好好幫助寶寶愛他自己喔！
❖ 想想看，您的寶寶有哪些獨特的個人魅力？
❖ 打起勁來，帶著寶寶一起製作他的「二十四小時寫真集」。
❖ 該快快備妥您「未雨綢繆」和「特效」的減壓良方囉！

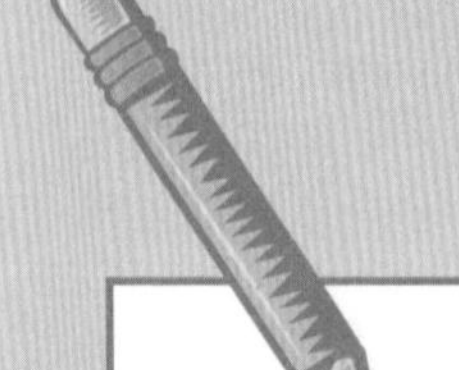

迴　響

親愛的《教子有方》：

我們最近又生了第二個孩子，一遍又一遍，我們重讀您的篇篇精采大作，一次又一次，我們忍不住在心中為您喝采，也為我們能擁有《教子有方》感到慶幸。

謝謝您們再一次帶領我們遨遊孩子的美好心靈世界！

馬先生和馬太太

美國田納西州

第二個月

寶寶懂得您的愛嗎？

對於「您愛寶寶嗎？」這個問題，大約全天下每一位父母都會衝口而出地回答：「那當然啦！這還用問嗎？」

但是如果我們接著再問：「寶寶懂得您的愛嗎？」這一個問題，卻會令許多家長們一時之間不知如何作答。親愛的家長們，《教子有方》邀請您利用現在這個機會，仔細思考一番，您是如何令寶寶了解您對他的愛？您的寶寶懂得您的心意嗎？

每一天，您的寶寶都需要藉著各種不同的方式，再一次的知道您愛他，感受到在您的心中，他是一份獨一無二的珍貴寶貝！

什麼是愛呢？藏在自己內心深處的一份情感不算是愛，掛在口中「光說無憑」的「嚷嚷」也不算是愛。眞正的愛，是一種與人相處的行爲方式，經由愛的行爲，被愛的人會感到愉快、適意、安心、滿足、被了解、被接受、被肯定也被需要，這些感覺不僅五歲的寶寶喜歡，就連我們大人也都十分的渴望和期盼。

爲人父母者所經常犯的「通病」，就是「自以爲是」地認爲：「寶寶當然懂得我對他的愛，因爲我愛他嘛！」然而，事實並非如此，寶寶所「感受到的愛」，和父母心中所「想像的愛」之間，很可能正存在著「十萬八千里」的差別呢！有許多人在長大成人之後，根本不覺得那些口口聲聲說愛他們的父母，曾經眞正地愛

過他們。

假如您的個性較爲內向，行事也較爲保守，那麼也許您會質疑：「難道眞的要整天肉麻地甜言蜜語，矯情地摟摟抱抱，才算是愛的行動嗎？」當然不是，以下我們爲家長們所列出的重要原則，正是幫助您不做作、不噁心，但卻能中肯、切實地讓寶寶親身感受到您愛他的好辦法。

愛的言行要一致

首先，我們願意爲家長們指出，您對寶寶所說的話，和您對待寶寶的行爲，兩者不僅同樣的重要，更應該步調一致，才能相輔相成，相互輝映！

舉個最簡單的例子來說，假如您不斷地告訴寶寶：「你是我最心愛的孩子，是我生命裡最重要的一部分。」但是卻在寶寶弄壞了您的貴重物品（例如珍珠項鍊、數位相機等）時，卻表現出極端的生氣和劇烈的反應，那麼在寶寶小小的心靈中，必定會開始產生懷疑：「到底是珍珠項鍊比較重要？還是我比較重要呢？」

眞心讚美

不要吝嗇您的言語，將每一項寶寶「令您心儀」、「惹您疼愛」的特質，一一爲寶寶數說清楚，讓寶寶知道身爲他的父母，您是多麼的榮幸和多麼的欣慰！別忘了讓寶寶知道，他是多麼的獨一無二和多麼的與眾不同，更別忘了讓他知道，您是多麼的爲他感到驕傲！

最重要的一點，您務必要讓寶寶明白，不論發生了什麼事，不論在任何的情況之下，您對他的愛一定永遠都不會改變。這一個想法必須在寶寶的心中牢牢生根。

以行動來愛寶寶

不要空談，更無須多想，要用實際的行爲來表現您對寶寶的愛！

經常溫柔地和寶寶產生肢體的接觸，拍拍他的頭，輕輕捏捏他的臉，摟摟他的肩，牽住他的小手……，知道嗎？一個習慣於被愛的行爲所碰觸的孩子，他會很快地懂得如何以愛的行爲來對待他人。

盡可能蹲下身子（請注意，此處所指是「蹲下」而不是彎下身子喔！），好使您的目光可以平視寶寶的雙眼。尤其是在寶寶對您說話的時候，請您不要養成邊做事邊「心不在焉」地回應寶寶的「壞」習慣！停下您手邊的工作。蹲下身子，平行地看著寶寶的眼睛，做一名有禮貌和有風度的好聽眾。同樣的，當您有話要對寶寶說的時候（尤其是在當寶寶做了一些令您不「爽」的事時），也請您要和寶寶「臉對著臉」，把話說清楚。

照照鏡子看看您自己的表情，錄下一段您想對寶寶說的話，仔細瞧瞧您的臉部表情是否嚴峻冷漠？是否猙獰可怖？是否尖酸刻薄？而您的口氣又是否緊迫盯人？是否高亢凶狠？又是否焦慮急躁？請記得一項永恆不變的道理，不論孩子做錯了什麼事，唯有在您冷靜和充滿了愛與關懷的態度中，您才能最有效地幫助寶寶「化險爲夷」，成功地走出困境。因此，請千萬別忘了，不要對寶寶高聲吼叫，要保持溫和但堅決的語氣，不要「面露凶光」，但要隨時神色專注和眞誠地來和寶寶溝通，如此，寶寶才能在安全和被愛的氣氛之中，輕鬆地學習，成功地成長！

愛他就是信任他

以言語和實際的行爲，讓寶寶懂得您對他的信任。

容許寶寶做錯事，大方地給予寶寶從錯誤中進步的成長空間。假如您希望寶寶能夠學會勇於對他自己的生命負責，那麼您就必須讓他在生命的每個層面中都擁有足夠的練習機會！放手讓寶寶自己去「闖一闖」，採取一種「即使這次錯了也沒關係，下一次他就比較不會再錯了」的心態，讓「自然的結局」來引導寶寶的成長，相信他是經得起失敗，能夠「愈錯愈成熟，愈錯愈懂事」。

有些時候，您難免會懷疑寶寶的能力（譬如當五歲的寶寶自告奮勇要幫您洗碗的時候），此時您何不鼓起「隨他去」的勇氣，即使是半信半疑也好，姑且讓寶寶試試看。假如您能讓寶寶感受到您對他的信心，那麼他會自我鞭策，努力拿出最好的本領來試試看，說不定，寶寶眞的會有模有樣地把事情做好，反而令您大吃一驚呢！

在家長們的努力之下，當寶寶認清了父母對他完全的信任之後，家長們可以獲得一份寶貴的「紅利」，那就是寶寶回報給您的一份同等的信任。

別忘了寶寶的人權！

這是一般家長們十分容易落入的陷阱，別以爲寶寶只有五歲，就理所當然的以爲「他懂什麼？」。請您務必要以對待大人一般的態度，來尊重寶寶的需要和感受，並且給予他所應得與應享有的權益。

身爲一個成長中的「小小孩」，寶寶有太多的事必須認眞地學習，也有太多的領域等著他逐一去發現。身爲家長的您，不僅應該責無旁貸地肩負起教導寶寶的工作，更應在同時學會眞正地尊重寶寶！您要尊重他的想法、他的決定、他的心願和他的感情與判斷，正如您自己也希望獲得來自他人的尊重一般。

再一次提醒您，您愛心和耐性的支持與了解，是寶寶成長和學習的最佳保證，不要強迫寶寶做他不想做的事，不要爲他預設過高的目標，細心地從寶寶的言行舉止中，「偵察」出他所想要表達的意見，由此而一步一步地帶領孩子，逐漸培養出一份懂得尊重自己，也懂得尊重他人的健康心態。

把自己送給寶寶

再好的玩具、再好的學校、再好的生活品質，對於寶寶而言，都比不上您在他身上所花的時間，您對他所付出的關心與注意，以及您對他的愛。

我們知道大部分的家長們每天的生活都是超額的緊湊和忙碌，對於寶寶，您必然是「心有餘但時間不足」。因此我們的建議是，把握每一段在一起的時刻，盡可能地充實每一個「短短的三、五分鐘」。試試看，您能不能將「短暫的片刻」，神奇地化為「恆久的甜蜜」？

舉個例子來說，在清晨，寶寶還沒有開始一天的活動之前，如果您能從容不迫，好整以暇地親親他的小臉蛋，深深地注視他天真無邪的雙眼，發自內心深處地告訴他：「呵！寶寶早安！看到你，爸爸真是開心！」那麼這個總共用了三十秒鐘的過程，即可在親子二人的心中留下深刻的印象，讓寶寶和您都可在當天許多其他的忙碌時光中，反覆地回味與享受那份溫馨的愛的感受。瞧！花不了太多的時間，只要您稍稍留心，寶寶和您每天的生活都將會變得大大的不一樣喔！

不要讓寶寶因愛而窒息！

小心！不要讓您對寶寶的愛與關心，澎湃洶湧到淹沒寶寶的地步。

要做好父母的工作實在不容易，大批學者專家們的「恐嚇」，足已使有心的家長們覺得自己處處做得不完美，悄悄在心中竄升的罪惡感，會趨使家長們「過分」地保護、也「過度」地干涉寶寶的一切。因此，我們願意提醒家長們，要小心拿捏「愛子心切」的分寸，過與不及都不好，請以平常心來評估自己的表現。偶爾，當您「馬前失蹄」做了一回「糟糕透頂」的父母時，請您也不必過分苛責自己，只要能記取教訓，從錯誤的經驗中期勉自己做個更好的父母，您和寶寶反而能從中得到更多意想不到的益處。

不要試著爲寶寶做每一件事。寶寶不僅不需要您如此的「全天候服務」，反而會因此時而感受到一股「緊迫盯人」的愛的壓力。試試看，多讓寶寶爲自己做一些事，這麼一來，寶寶可以擁有自然的學習機會，您可以減少許多工作，而您對寶寶的愛也得以取得某種程度的良性平衡，這不是皆大歡喜的好事嗎？

當寶寶自己想試著做一些事的時候，也請您不要「嘮嘮叨叨」地「叮嚀這叮嚀那」，弄得寶寶十分不安也十分緊張，反而無法「氣定神閒」地進行他想做的事。親愛的家長們，這是很重要的一點，請您千萬小心，不要讓寶寶窒息於您的「厚愛」之中喔！

您會因公忘私嗎？

在此我們所想強調的是，有很多的人經常會在不知不覺中，自以爲「他沒有關係」、「他無所謂」，反而冷落也怠慢了自己身邊最親近的人，包括了自己的孩子。相形之下，有許多父母

「彷彿」會表現出對別人的孩子，反而比對自己的孩子比較好的態度。親愛的家長們，您是否也屬於此種因爲在乎他人的感受，反而將寶寶對於您的愛與忠誠，犧牲得理所當然的父母呢？

《教子有方》以多年研究幼教的經驗與心得，願意提醒您，當寶寶的需要，和他人（親人、友人甚至於陌生人）的看法發生衝突的時候，您唯一最好的決定，就是選擇優先考慮寶寶的需要，將他人的期望放在次要的地位。

讓寶寶知道他比什麼都重要，即使是您明明知道他做錯了，但是當著外人的面，也請您務必要和他站在同一條陣線上，保護他，做他的盾牌，不要讓他人不滿的批評和無情的指責傷害了孩子的心，等到您和寶寶獨處的時候，再進行您該做的教導與指正。

此外，請您也要記得，絕對絕對不要將寶寶和其他的孩子相比較，永遠不要說出：「爲什麼你不能像隔壁小強……」或是：「你要是能和表哥一樣那該有多好。」之類的話。

讓寶寶知道，不爲什麼，也沒有任何的條件，對您而言，他是無可取代，最爲珍貴也最爲寶貝的好孩子。

以誠相待

在您事事爲寶寶著想，處處爲他打算的同時，請別忽略了您自己的身心所需，要懂得愛護自己！想想看，是否唯有在您的體能和情緒都保持在最佳的狀態時，寶寶才能得到您最佳的照顧？一般說來，過度的自我犧牲，反而容易導致體能與情感的雙料透支，造成倦怠、厭煩甚至於憎惡等始料未及的不良後果。

因此，我們衷心地建議您，不必再在寶寶面前充當「超人」，眞心並且開誠布公地，以言語和行爲來和寶寶分享您的感受、您的需要以及您的願望。

如果您覺得自己需要片刻安靜小憩一會兒，那麼就請您客氣但清楚地讓寶寶知道：「媽媽現在很累，想坐在沙發上閉上眼睛休息一下，不能陪寶寶去公園玩！」千萬不要縱容自己讓耐性用盡，體力透支，因爲等到了那個時候，您勢必無法好聲好氣、溫柔隨和地來要求寶寶配合您的需要。相反的，您可能會大吼大叫，甚至於還會脾氣暴躁得令寶寶和您自己都不知該如何是好！

親愛的家長們，在您一口氣讀完了本文之後，也許會深深地感嘆：「啊！父母難爲！」也許會質疑：「我又不是聖人，怎麼可能做到如此的程度呢？」沒錯，我們在此所準備的是一份我們認爲完整的大綱，是您的參考，也是您的指標與目標，我們鼓勵您盡可能地努力朝著這些方向去努力，但是也請您不必因此而給自己添加更大的壓力。

請記住，人生的每一個經驗，每一個腳步，都是一次學習與成長的機會。不要過分苛責自己的「失敗」或「短處」，也不要在孩子面前「打腫臉充胖子」，硬要假裝自己是一位無所不能、毫無缺點的父母。養成習慣和孩子分享您眞實的喜怒哀樂，不要害怕讓孩子看到您出差錯時的窘態，抱持著一顆平常心，相信失敗與過錯都是人生無可避免的一部分，也是調整過往腳步，修正方向，使自己變得更好的轉機，如此，您反而能「以身作則」地將這份「失敗爲成功之母」的寶貴生命認知教給寶寶。

最後再提醒您一句話，別忘了要用您愛寶寶、關心寶寶、照顧寶寶和體貼寶寶的同等方式，來對待您自己。這一點很重要，請您千萬要時時記在心中，不可以忘記喔！

動感遊戲

五歲的寶寶全身大小肌肉的發展已經達到相當不錯的程度了，他可以成功地參與各式各樣的動感遊戲，因此，我們爲家長們準備了以下所列的幾項親子活動，幫助您啓動與激發寶寶身心雙方的想像力與創意！

走、走、走走走

玩法

找一塊空曠並且沒有障礙物的場地（例如公園、後院、操場等），向寶寶提出以下的挑戰：「寶寶能用幾種不同的方法來走路啊？」

- 快步走。
- 非常非常慢地慢慢走。
- 繞著一個圓圈走。
- 大步走（如踢正步）。
- 小步走（如蓮花步）。
- 踮著腳尖走。
- 用腳跟走。
- 倒退走。
- 還有其他的花招嗎？

跳、跳、跳

器材

三個呼拉圈（或腳踏車廢棄的內胎）、一張小板凳和一小塊地毯。

玩法

讓寶寶經由以下的路線跳跳看：

- 從小板凳上跳進呼拉圈中。
- 從小板凳上跳到地毯上，再跳進呼拉圈中。

變化玩法

將紅、藍、綠三色的膠帶（或布條）分別固定在三個呼拉圈上，然後請寶寶試試以下的跳跳路線：

• 從小板凳上跳進紅色的呼拉圈中，再跳進藍色的呼拉圈中。

• 將三個呼拉圈的次序打亂，重新組合。

• 將小板凳、呼拉圈和小地毯之間的距離拉開，逐漸提升寶寶彈跳的能力。

平衡不倒翁

這一項遊戲不需要任何的器材，您只要帶著寶寶，一個口令、一個動作地進行即可：

• 「寶寶單腳站！」、「試試換成另外一隻腳單腳站！」

• 「寶寶可不可以單腳站好讓媽媽數到十？」

• 「寶寶試試大大地張開雙腿踮起腳尖站好，不可以跌倒喔！」、「現在試試看能不能併攏雙腿再踮起腳尖，小心別摔跤喔！」

• 「寶寶可不可以用腳跟碰腳尖的方式走在地上這條直線上？不能歪倒喲！」

• 「現在再試試看，能不能用腳尖碰腳跟的方式，在這條直線上倒退走呢？」

• 「再試試看這一項好玩的，右腳單腳站好，用左手勾住左腳的腳背！行嗎？」、「如果換一雙手，用右手勾住左腳的腳背，行嗎？」

小皮球

器材

一個皮球和一個呼拉圈（或是腳踏車廢棄的內胎）。

玩法

在一個空曠寬大沒有障礙物的場地上，請寶寶一一試試以下的遊戲：

- 「寶寶試試看能不能把球丟進呼拉圈中？要瞄準喔！」
- 「可不可以把皮球滾進呼拉圈中？」
- 「試試看，用一隻手拍皮球，一直拍，等到爸爸數到五才可以停下來。」
- 「還有，寶寶能不能用腳把皮球踢進呼拉圈中呢？」
- 「會不會用滾地球把球丟過來？」
- 「再試試看行不行用高飛球把球丟過來？」
- 「接住爸爸丟過來的球，注意囉，這一球我丟得很近，下一球我要從很遠的地方丟過來喔！」

變化題

家長們也可以自由地將以上所列的這些活動全部組合在一起，再配合一些其他的「花招」（例如溜滑梯、跑跳步、轉彎、扭麻花、推推拉拉、彎腰……等），變化出一些有趣的新鮮玩法，以下我們願意列出幾個活動作爲您的參考：

- 「寶寶來，假裝你是一架小飛機讓媽媽看看！」、「你能假裝自己是一條毛毛蟲嗎？」
- 「會不會學爸爸用水管沖院子的樣子啊？」
- 「假裝你現在要輕輕的，很小心的摘一朵漂亮的花好嗎？」
- 「可不可以用襪子在地板上滑冰呀？試試看能不能橫著溜到大門口去？」
- 「假裝你自己是一隻小白兔，現在開始跳，從這兒跳到臥房裡去！」
- 「會不會學機器人走路呢？」

親愛的家長們，現在您看出了上述這些活動的共同點嗎？沒錯，這些活動都沒有所謂的正確答案，可以任由寶寶自由發揮想像力來創造他的回答，一方面鍛鍊體能，同時還可讓寶寶恣意展現他活潑可愛的一面，建議您不妨帶著寶寶多玩幾回喔！

訓練寶寶的好頭腦

此處我們所謂的好頭腦，指的是經由後天訓練與培養所發展出，一種活絡敏銳、有條不紊並且四通八達的思考方式。這種思考方式與先天的資質、聰明不同，可以藉著經驗的累積而磨練出來，也可以藉著正確的誘導栽培出來。在許許多多訓練好頭腦、造就孩子高超思考能力的方法中，我們願意爲家長們介紹一種最簡單、最有效，也是許多專家們公認值得一試的好辦法，那就是藉著各種高明的問題，來刺激寶寶的思想，打通孩子腦海中的各個「死角」，如此逐漸爲寶寶搭建一套類似於大都會中細密如羅網，但卻井然有序的「思考網路」！

發問的藝術

根據學術的理論，我們可以將所有的發問方式歸納成幾個不同的等級，由此而啓發寶寶不同等級的回答！

也就是說，愈是高明的問題，愈是能激勵孩子努力思考，運用高明的方式來回答，而對於一些「沒頭沒腦」的問題，寶寶也會自然而然地以「沒頭沒腦」的方式來回應！

以下我們將根據寶寶在作答時的思考方式，從最基本的層次開始，逐一爲您介紹各種不同的發問方式。親愛的家長們，爲了要培養寶寶高人一等的「腦筋」，您所必須要辦到的第一件事，就是學會各種不同的「問話」方法，讓自己變成一位「問話高手」喔！

指路型思考

最粗淺的一種問題是類似於：「貓咪在哪兒啊？」和「太陽在哪裡？」等，希望作答的寶寶去尋找某人或某物的問法。要回答這一級的問題非常容易，寶寶通常只需要動用他的小手指一指，即可高分過關。

譬如說，當您和寶寶正共同閱讀一本故事書的時候，如果您的問題是：「乖寶寶可不可以告訴媽媽，花仙子在哪兒呀？」那麼寶寶可以「不必多想」，很輕鬆地從插圖中指出花仙子。

要回答這種類型的問題十分容易，因此我們將之歸列爲初級問法。

回憶型思考

這一類的問題，基本上是在考驗寶寶的記憶力，也就是說，根據題目的內容，寶寶必須回想起一些已經發生過的事，然後再清清楚楚地說出來。

例如您可以問寶寶：「還記不記得昨天看到的新娘子穿什麼樣的衣服啊？」您也可以在剛爲寶寶說完一個故事之後，立即反問他一些故事的內容：「白雪公主的朋友有幾個小矮人呀？」

組織型思考

要能夠回答這一個層次的問題，寶寶除了要能夠想起一些過去曾經發生過或是聽說過的事情之外，他還需要動用到發展中的組織能力，將整件事情「從頭到尾」大致說個明白。

比方說，當您在和寶寶共同回味一個有趣的故事時，可以技巧地問他：「咦！寶寶還記不記得小恐龍剛出生的時候住在什麼地方啊？後來爲什麼要搬家呢？搬家之後呢？然後呢？……」幫助寶寶依照先後次序將整個事件正確地重新「排演」一次。

推測型思考

這一類型問題最大的特色，就是沒有所謂的標準答案。寶寶必須利用一些已知和既定的事實，進而「合理」地預測一個事件有可能發生的下一步。也就是說，寶寶必須要擁有推理未知的能力，才能成功地回答這種沒有正確答案的問題。

一般說來，類似於「寶寶你猜猜看，大野狼會不會吃掉這隻小豬？」、「寶寶覺得小狗找不找得到回家的路呢？」和「嗯！寶寶想想看，這一位公車司機伯伯下了班以後會做些什麼事啊？」的問題，都是屬於可以激發孩子推理想像與預測能力的好「引子」。

盤算型思考

當寶寶被問到：「如果你是白雪公主，你會不會吃下那顆有毒的紅蘋果呢？」、「爲什麼小恐龍哭了呢？」、「爲什麼大野狼沒有吃掉第三隻小豬呢？」等的問題時，他必須在心中權衡每一種不同的選擇以及接下去所會發生的後果。這一類激發寶寶盤算型思考的問題，是父母們對於成長中的子女所能提出最富於挑戰性、難度最高，同時也是最具有教育與啓發意義的頂級問題。

在以上我們所討論的五種「問話的方式」之中，最後兩種問題（推測型與盤算型）所引發的回答會啓動寶寶開放性（open-ended）的思考。也是造就寶寶「優秀頭腦」的最佳磨練。因此，建議家長們多多學習提出開放性問題的方式，與其將寶寶的回答限制在「是」與「不是」、「好」與「不好」之間，不如大方地讓寶寶自由決定他的答案，充分發揮他的想法，別忘了，愈是高明的問題也愈能引出高明的回答喔！

以下我們爲家長們列出一些「高明」的開放式問題作爲參考，您除了可以多多使用這些問題之外，還可以舉一反三活潑地加以變化，訓練自己成爲「問話高手」，也造就寶寶成爲思路敏捷的「答題高手」。

在讀完一本故事書之後……

挑選一本寶寶有興趣的故事書，陪著寶寶從頭到尾完整地讀了一遍之後，試著問寶寶以下的這些問題：

- 「寶寶，你在聽完了這個故事之後，最喜歡其中的哪一個人（或角色）呢？」、「為什麼你喜歡他呢？」、「是不是你覺得這一個人物（或角色）和你認識的一個人有些相似？那個人是誰呢？」
- 「寶寶，可不可以用你自己的話把這個故事重新說一次？」
- 「寶寶，我們來想想看，如果白雪公主沒有吃下毒蘋果，那麼整個故事會變成什麼情形呢？」
- 問問寶寶：「如果也有一個陌生人拿了一個又大又香的紅蘋果請你吃，你會吃嗎？」、「如果你是大野狼，你會不會把第三隻小豬也一起吃掉呢？為什麼？」

管家的學問

親愛的家長們，在您的家庭生活中，想必也和其他家庭一般，存在著許多大大小小、難以避免且令人頭疼的難題吧！俗話說得好：「家家有本難唸的經」，您家中的「這本經」可能因為五歲寶寶的存在，而包括了孩子們之間的爭吵、永遠做不完的清潔整理工作、家事的分配、家庭成員團體活動及個別活動的安排、寶寶體能智慧及心靈方面的學習……等！試問，您懂得如何解除這些難題，如何做好一名成功的「管家」嗎？

請別一想到「管家」這件麻煩事就覺得痛苦萬分！親愛的家長們，您知道五歲的寶寶會從您正確地「治理家事」的過程中，練就許多解決問題的本事嗎？請您看在能夠幫助孩子更加認識自己，學會眞正地與人相處，發展得更加成熟、懂事及負責的份上，勉勵自己「一馬當先」，從此認眞地肩負起「齊家」的重責喔！

在深入分享管家的學問之前，讓我們先為您談談兩種最最要不得的「家風」，這兩種治家的方式不僅無法達到上述增強寶寶解決問題的能力，反而會在寶寶身上引發一些永久且深遠的負面效應，家長們請務必謹愼戒之。

請不要威儀天下

此種權威式的治家風格，強調百分之百的主控權以及對於家人、子女極高的要求。大多數的時候，這位「黑面」的家長是十分的冷漠、嚴峻、不苟言笑、不與人親熱，更不表現任何的溫情，在父儀天下或是母儀天下的制度中，「當權者」所做的任何決定都不必也不會經過孩子的同意，更不會在事先徵求孩子的意見。

根據許多學術研究指出，生長在父母「威儀天下」的家庭中的孩子，雖然表面上看來非常的聽話、順從和遵守規矩，但是他們對於自我的評價大多十分的低。不僅如此，這些孩子毫無與人相處的能力可言，日後在學校和社會中的表現也多半乏善可陳，「不怎麼樣」！

更不可放牛吃草

「放牛吃草」是和「威儀天下」完全相反的一種治家方式，這種方式的特徵是父母對於子女予取予求、唯命是從、十分親切，但卻毫不加以管束、不做任何的要求，是典型的「孝子」、「孝女」型的教養方式。

生長在父母對子女「放牛吃草」的家庭中的孩子，通常都會比同年齡的孩子來得較不成熟、較不負責任，亦較缺乏主動進取的動力。

拿捏權威與溺愛的準繩！

從許多學術研究的結果中，我們看出唯有當父母們將大量的權威和等量的溺愛，同時運用在管理家人和子女的時候，子女的成長方能達到最理想的境界。

也就是說，這一類型的父母不會獨尊「強權」或是單單強調「愛心」，也不會兩者皆不計較地不在乎權威亦不付出愛心，他們既強調「強權」也重視「愛心」，無時無刻不小心翼翼地維繫著兩者之間的平衡與互動。

在實際的生活中，懂得以權威和溺愛雙管齊下的父母們，會清楚地訂出孩子言行舉止「可以」與「不可以」的尺寸和界限，而在溺愛孩子、滿足他身心所需的任務上，這一種類型的父母也是絕不會落於人後。

如何恰當地拿捏權威與溺愛的準繩呢？以下我們爲有心的父母們逐步詳細列出解決家庭問題的成功步驟，供您在參考之餘多多地「依樣畫葫蘆」，來「統治」您的家人和心愛的寶寶。

找出問題的癥結

這是最最重要的第一步，首先，您必須知道您所要解決的問題到底是什麼，才能繼續展開對於問題的解決之道。

當家庭的成員因為意見不合而發生爭執的時候，與其「公說公有理，婆說婆有理」，在各持己見互不相讓的痛苦邏輯之中繼續糾纏不休，不如邀請一位立場公正的第三者，不必評論孰對孰錯，但求能眞正地找出問題的核心。

不計輸贏

要能成功地解決家庭之中的糾紛，最重要的一條「遊戲規則」，就是不許計較輸贏。一切對事不對人，以解決問題為最終的目標，家人們必須共同遵守這項規則，抱著「公平讓步」才能「息事寧人」的心態，集體拿出最大的誠意，努力避免意氣用事、爭強好勝的「下場」。

自由誠實發言權

不論男女老少，家中的每一位成員都必須能夠在毫無壓力、不受威脅，也不必擔心不良後果的心情之下自由發言，陳述他所感受到的事實，並且發表自己的意見。因此，身為「管家」的您必須時時留心沉默的分子，邀請並鼓勵他們發表眞實的心聲。

除此之外，「管家」也必須隨時監督並糾察，絕不容許謊言的存在，以維護及保障眞正的自由發言權。

想盡辦法

將所有可能的解決之道列在一張紙上，邀請事件的主角們及家中其他的成員共同參與，在不彼此攻擊及判斷的情形下，腦力激盪一番，辜且不論是否可行，先將各種的建議全部列出。

在這個過程之中，「管家」可以運用「設身處地為對方想想」的高招，要求家人互換立場，試著以對方的處境來提出解決之道。例如：「如果你是爸爸，每天下班一回家，看見屋子裡到處都是五歲女兒的玩具、書籍和衣物，亂糟糟的，心裡會是什麼感覺啊？」這種做法，一方面可以成功地解決許多的家庭糾紛，另外一方面還可以幫助成長中的寶寶，發展出心理學家們所謂客觀思考的能力（perspective-taking skills）！

此外，在寶寶參與「想盡辦法」的過程中，他還會「大開眼界」地突然發覺一個更寬廣、更多元化，更可容他在其中自由奔放的思考空間。親愛的家長們，您五歲大的寶寶從中所獲得的益處，絕對會超出您的預期呢！

權衡利害

在「想盡辦法」之後，「管家」可以將所有列在紙條上的「辦法」逐一提出，請每一位家庭成員各自提出以下的看法：「你認爲這樣做的好處是什麼？壞處又是什麼？」

別忘了邀請五歲的寶寶全程參與這個部分，他會因爲這種訓練而更加能夠「深思熟慮」，也能擁有更好的判斷能力。更重要的是，寶寶將會懂得他必須先仔細地考量每一個細節，才能得到最正確、最完整的結論。假以時日，您的寶寶會懂得凡事要三思而言，三思而行，不妄下結論，更不貿然隨意作決定。

取得共識

親愛的家長們，請您特別留心，在此我們所謂的「取得共識」，是指達到一個每位家庭成員都能接受，也都認爲可行的共同結論，而絕對不是少數服從多數，更不應該「獨尊一言」只由一個人作最後的決定。

因此，敬請各位「管家」們在這個眼看著大功即將告成的當下，努力「壓制強權」，並且避免投票表決（要知道，投票的結果是充滿了輸贏的意味），製造出一種每個人都必須要妥協、要讓步方能達成的共識，而這種共識，也多半是最爲合理、最能被每個人都接受的最佳「管家之道」！

親愛的家長們，在讀完了本文之後，現在您懂得了治家的竅門，能夠做好一名稱職且高明的管家公或管家婆了嗎？《教子有方》在此先預祝您成功地「治理」好您甜蜜的家庭！

提醒您!

- ❖ 不要讓寶寶忽略或誤解了您對他的愛。
- ❖ 快快學會發問的藝術。
- ❖ 就從今天開始，期許自我成為一位真正的好「管家」。

迴響

親愛的《教子有方》：

外子和我要共同感謝您在《教子有方》之中，精心為父母們所準備的重要知識，這份刊物真是物超所值！

小女嬌嬌是一個既可愛又活潑的孩子，外子和我時常會不由自主地看著小女會心地一笑，因為她正和《教子有方》所說的一模一樣啊！

再一次真心地謝謝您們幫助我們成為頂尖的好父母！

高先生和高太太

美國內華達州

第三個月

廣結人緣的本事

親愛的家長們，相信您必然早已察覺出，在我們每一個人的身邊，有些人似乎永遠都是十分幸運地處於極爲良好的人際關係之中，不論是親疏遠近、三教九流，他們都能合宜與得體地拿捏交往的分寸，自然而然的，凡是與他們接觸過的人，也都樂於繼續與之來往，使得他們所到之處都能擁有極佳的人緣。

相反的，在您所熟識的人之中，也必定會有這麼幾位，他們經常會捲入各種苦惱的人際糾紛，久而久之，他們所交往的對象似乎愈來愈少，所樹立的仇敵也似乎愈來愈多，不僅舊雨新知敬而遠之，連最親近的家人們也會逐漸與之疏離。

的確，我們總是可以從每一個人的人際關係中，看出此人爲人處世的方法與態度，而我們每一個人也都會在不知不覺之中，習慣地使用某一種固定的模式來與人交往。因此，如果我們的「老方法」效果不錯，那麼大致說來，在人群之中，我們應該是頗得人心，頗受歡迎的。然而，假如我們的「老方法」其實很糟糕，那麼結果就會如上文所述，總有一天將要眾叛親離，孤獨一生。

這些待人接物的「老方法」從何而來呢？心理學家們早已發現，每個人目前所使用的「交際手腕」，多半是在生命最早期的那幾年之間，根據自己所受到的「待遇」而學會的，而且一旦學會了，即會「忠實」且「固執」地在一生之中繼續不斷地使用下去。

因此，父母和親人們如果能在寶寶小的時候，不斷地以正確的「待人之道」與之相處，那麼孩子將能事半功倍，輕易且愉快地從大人以身作則的榜樣之中，成功地學會如何搭建「人際橋梁」的重要本領。

除此之外，成長中的孩子也需要擁有許多實驗與練習的機會，在父母的支持與鼓勵之下，烘托出成熟圓融及悅樂人心的「待人的習慣」。

親愛的家長們，幫助寶寶成功地打造日後他將仰仗一生的「做人好習慣」，是您重要且不可迴避的工作，以下我們爲您整理出一些您不可不說的大綱，藉以幫助您及早完成此項重任，造就一個擁有好人緣的新生命，也同時分享其中數說不盡的各種快樂！

利人不損己

寶寶所必須學會的一項最基本的本領，就是如何在關懷他人和維護自己之間，取得一個最佳的平衡點。也就是說，他要能夠在不犧牲自己的感受、權利和需要的前題之下，仍然顧及且尊重他人的感受、權利與需要。家長們可以從和寶寶之間的互動關係開始，教導寶寶學習這項重要的「做人的技巧」！

在與寶寶的親子關係中，我們提醒家長們，不論您是多麼的愛寶寶，多麼的願意「捨己爲子，赴湯蹈火在所不辭」，請您都不要因爲寶寶的需要而犧牲了自己。請別誤會，我們並不是在慫恿家長們「自私自利」，也不是建議您對子女不必付出尊重與愛心。請您仔細地想一想，當您在沒有徵得寶寶的同意之前，即「自作主張」決定了您要爲他「捨棄」這個、「委屈」那個，這些「奉獻」也許並不能反應寶寶眞正的需要，而您則在寶寶毫不知情的情形之下，完全剝奪了他對您付出尊重與愛心的機會，設身處地爲寶寶想一想，這種做法對寶寶公平嗎？

在一般的情形下，過分貶抑自我，犧牲己益，或是極度「唯我獨尊」等「一面倒」的心態，都會使一份人際關係受到傷害。沒有任何一個人能夠長期的忍耐與壓抑自我，而完全不產生任何的負面情緒，表面上看來也許能夠維持一時的「風平浪靜」，但是久而久之，隱藏在內心深處如漩渦激流般的不平，勢必愈演愈烈，終將引發排山倒海的洶湧巨浪，甚至造成淹沒百里方圓，殃及諸多無辜的濤天海嘯！

親子之間的關係亦是如此，因此，在決定您與寶寶的互動關係是否會成功、是否能持久的因素中，很重要的一點，就是您必須誠實地讓寶寶知道您的感受與需求，而寶寶也必須能在您的鼓勵下，自由地表達他的感受與需求。

舉個最簡單的例子，當寶寶做了令您生氣發火的事時，請坦誠地告訴他：「寶寶，你把牛奶打翻灑了一地，媽媽很不高興！」而當寶寶沒有做錯事，您的心中只是單純的「沒興趣」時，也要實話實說：「媽媽知道你很想吃果凍，但是我今天很累，實在不想弄，改天再吃好嗎？」

用不了多久的時間，您會很快地發現，人小心不小的寶寶除了擁有善解人意的關懷與愛心之外，還會開始懂得省察並表達自己的感受，合理地爭取自己的身心所需。例如您將會聽到寶寶客氣地對您說：「謝謝爸爸買漢堡給我吃，但是我剛才吃過了披薩，現在不想吃漢堡！」等到了那個時候，廣結人緣的本事第一課「利人不損己」，您的寶寶即可算是高分過關啦！

上行下效

這層道理十分簡單，就是寶寶會將他所感受到您對待他的方式，和他所看到您對待他人的方式，當作「範本」「有樣學樣」地將之「依樣畫葫蘆」，變成他自己與人交往的模式。

以心理學的角度來分析，一個成長中的孩子可以經由以下四種不同的途徑，發展出對待他人的方式：

1. 父母待他的方式。

2. 他所見到父母對待他人的方式。

3. 他對待父母的方式所被接受的程度。

4. 他對待他人的方式所被接受的程度。

有一些「借鏡」自父母的行爲，在五歲孩子的身上已經可以「千眞萬確」地看了出來（例如隨手關燈、隨地吐痰和進屋脫鞋等），也另有一些來自於父母的「行爲種子」，則要等到一、二十年之後才會逐漸顯露出來（例如濟弱扶貧、大男人／女人主義和是否體罰子女等）！

正如中國古人所訓：「修身、齊家、治國、平天下」的次序，親愛的家長們，如果您想要寶寶擁有成功的交友之道，您非得從自身做起啊！

熟能生巧

成長中的寶寶必須要有機會，「現買現賣」將他「抄襲」自父母的行爲模式，在現實生活中「演練一番」。他不僅要拿身邊的親人當作「實習」的對象，他更加需要利用其他同年齡的玩伴們來試試身手，藉以鍛鍊做人處世的能力，並且培養深刻的自信心。

也就是說，玩伴們在寶寶學習與人相處的過程中，亦扮演著重要且不可或缺的角色。

想想看，當寶寶與您相處的時候，他是否已經因爲年齡、身高與輩分「先矮了一截」，而無法盡情發揮所有的本領呢？相反的，當寶寶和小朋友玩在一塊的時候，他可以完全不必顧及「長幼有序，君臣父子」等禮數，自由練習各種不同的待人之道。譬如說，寶寶可以練習對人「呼來喝去」、「說三道四」，活像一位「大爺」或是「太后」，他也可以試著對人百依百順、唯命是從，十足一個「小奴才」；他可以今天高興就做一名小小的「孩子王」，但是明天倦勤了則當一位「小小跟屁蟲」；當然，寶寶可以是「老師」也可以是學生；他還可以從處處需要被人照顧與呵護的「小可憐」，搖身一變而成爲到處撒播愛心與關懷的「德蕾莎修女第二」呢！

除此而外，正如您的生活之中不能光有寶寶一般，寶寶的天地之中也需要除了您之外的其他人。這些人不僅會令寶寶明白世界上的確存在著與己不同的意見，也會爲寶寶提供人生不同層面與不同著眼點的看法與境界，在這些巧妙與豐富的經驗之中，寶寶會很快地學會如何與人合作、讓步以及合理地爭取自己的權益。

總而言之，寶寶會需要以「他自己」的方法，來建立起一套令「他自己」所滿意的「人脈」，一切的細節，一切進展的速度，全都要依著寶寶自己的意見與決定來進行。

因此，寶寶與小朋友們「鬼混」和「貪玩」的時間，就變得十分重要了。不論是在學校或是在家裡，請您要務必確認寶寶擁有足夠和小朋友們「談天說地、起鬨、合夥、吵架、爭執和鬧意氣……等」的時間與機會。別忘了要尊重孩子的選擇與喜好，讓他自己來選擇他的玩伴、玩耍與來往的方式，千萬不可自以爲好心地，在沒有徵得寶寶的同意之前，爲他做任何的安排喔！

親愛的家長們，最後再叮嚀一次，別忘了要多多製造機會，讓寶寶和他的小朋友們「玩個痛快」、「玩得過癮」喲！

沙盤推演

有心的家長們還可以設計一些活動，讓寶寶可以在大人的協助之下，練習並學習與小朋友們交往的方法。

您可以帶領寶寶玩「假裝你是另外一個人」的遊戲，利用現成的洋娃娃、小布偶、玩具熊，或是動手剪貼一些面具、行頭，甚至於什麼也不用，全憑想像，陪著寶寶玩玩「扮家家酒」的遊戲。例如您可以邀請寶寶：「假裝你是醫生，媽媽是病人」、「寶寶是店員，媽媽要買鞋」或「寶寶是乘客，媽媽是空中小姐」等，幫助寶寶學習以不同的身分和立場來與人交往。

對於寶寶特別害怕或緊張的處境，家長們也可以在事前利用這種方式來爲寶寶暖暖身、壯壯膽。譬如說如果寶寶對於去小兒科診所體檢心存膽怯，那麼您不妨先和寶寶一人「扮演」醫師，一人「扮演」病人，比畫一番，演練一番，幫助您更加了解寶寶害怕與緊張的原因，也可以減少寶寶心中的恐懼和焦慮。

另外一種有趣的方式，是由家長們來起個頭：「如果有小朋友在學校打了寶寶，寶寶該怎麼辦啊？」讓寶寶自由說出，或是親身地「表演」出他的「結局」，給他一些想像的空間與練習的機會，然後在「不著痕跡」的討論與提醒之中，幫助寶寶「琢磨」出最佳的待人接物和應對進退之道。

家長們還可以自由發揮和變化出更多更實際的主題，邀請寶寶共同參與，來完成一個「生活的故事」。譬如您可以先起頭：「小康康在他的朋友家玩，不小心弄壞了朋友的玩具。寶寶來幫忙想一想，小康康心裡會覺得怎麼樣？他的朋友又會覺得怎麼樣？小康康該怎麼辦才好呢？如果寶寶是小康康，你會怎麼做？如果寶寶是小康康的朋友，又會怎麼做？」……。

諸如此類的活動，都可以幫助寶寶學會由「對方」的立場來著想，這是與人成功相處不可或缺的一項重要技巧，敬請家長們別忘了多多帶著寶寶「沙盤推演」與人相處之道喔！

心神歡悅

在人與人之間的良好關係之中，有一項非常重要，但卻是大多數人並不知其存在的先決條件，那就是人際關係中的每一個「人」，都必須處於一種「心神歡悅」的精神狀態，才能使雙向的關係變得十分良好、十分「引人入勝」！也就是說，當您的寶寶在輕鬆、自然和沒有壓力的情形下與人來往時，所得到的結果，絕對會比當他在十分緊張、不自在且動輒得咎的不安情緒中時，要來得好很多呢！

親愛的家長們，請您要儘量避免以批評和恐嚇等高壓的方式，來勉強寶寶與人「友好」相處。除此之外，您還要努力多以鼓勵和支持的態度，慢慢地引導寶寶「走向人群」。請參考以下我們所列出，家長們「不可行」與「可行」的簡單規則，試著不偏不倚地輔導寶寶的交友之道！

不可行之一

千萬不可主觀地「判定」寶寶無法和別人好好的相處。

請您切忌不可對寶寶說：「沒有人喜歡和你玩」、「小朋友們是因爲你每次都請他們吃糖才會跟你玩」等令寶寶沮喪氣餒的「宣判」。

可行之一

多多給予寶寶正面的鼓勵和肯定。

不論是和小朋友友好地玩耍、善意地幫助他人、體諒對方的難處……等，您都可以清楚且明確地稱讚寶寶：「嗯，媽媽剛才看見你幫小美倒了一杯水，眞不錯，媽媽喜歡看到你這麼親切地招待你的朋友。」

不可行之二

不可強迫寶寶參與他尚且無法完全接受的人際關係。

舉例來說，假如寶寶還無法完全「自在地」打入一群陌生的小朋友們中，那麼請家長們千萬不可規定他：「一定要和他們一起玩。」此外，當寶寶還在氣頭上的時候，也請別急著強逼寶寶：「現在就和小寶握個手，做好朋友。」更不必非要寶寶和不喜歡他或是他不喜歡的人做朋友。

可行之二

尊重寶寶交友的心情和選擇。

有些孩子們生來就很好客，愛熱鬧，但是也有些孩子喜歡安靜，寧願獨處。建議家長們別忘了要「因材施教」，讓寶寶根據他的好惡而來決定他的社交生活。

不可行之三

請不要拿寶寶來和別的孩子互相比較。

大多數的家長們對於這一點，雖然是早已「心知」，但卻十分難以自我控制。舉凡：「爲什麼你不能像表姊那麼隨和？」、「哥哥從來都不會像你一樣動不動就哭！」之類的「評論」請盡可能地能免則免。

可行之三

容許寶寶以他自己的方式，在沒有外力（包括來自於父母）的干擾之下，建立屬於他自己的友誼。

家長們可以很清楚地告訴寶寶，什麼是可以做的（例如坐在一起吃飯、接受或贈送禮物必須經過父母允許、輪流上廁所等），什麼又是不可以（例如同喝一瓶汽水、私自接受或贈送禮物，以及同時使用廁所等）。然後，您要放手讓寶寶自己去試一試，闖一闖，同時，您也必須保持警覺，隨時在一旁「偵伺」，以備即時爲寶寶解決任何純屬於「意料之外」的問題。

不可行之四

別讓寶寶覺得您對他的社交能力毫無信心。

類似於：「等一會兒我們到了外婆家，寶寶要記住不可以惹外婆生氣，更不可以讓表哥、表姊們都討厭你，知不知道？」這般先入爲主地認定了寶寶注定要惹人閒的提醒、評論或叮嚀，都請完全捨棄不必使用。

可行之四

親愛的家長們，請您一定、一定、一定要和寶寶站在同一陣線，要和他同一個鼻孔出氣。

如果寶寶做了什麼錯事，不要在眾人面前為他道歉，不要在大庭廣眾之下攻擊他、批評他、指責他，更不可讓外人（尤其是大人）向您聲討寶寶，一切都請等到您和寶寶單獨相處的時候，再慢慢和寶寶「私下解決」。愛子心切的家長們，請您千萬要記得，每一個人都需要一個毫無保留、毫無條件、永遠不會消失的靠山，《教子有方》建議您「捨我其誰」、「當仁不讓」地，一肩扛下充當「寶寶的靠山」這份甜蜜的重任。

親愛的家長們，一口氣讀完了本文，現在您對於培養寶寶廣結人緣的本事，是否已胸有成竹，躍躍欲試了呢？《教子有方》祝福您鍥而不捨地努力直到成功為止，因為，這將是您所能給予寶寶的一份終生受用不盡、珍貴無比的好禮物啊！

寶寶的隱私權

世界上每一個人，不論是什麼年齡，都需要擁有一份唯獨屬於自己的空間和時間，也就是我們所謂的「隱私」。在這份隱私之中，我們不需要對任何人負責、交代或解釋任何事情，也可在完全自我的情緒中，解放緊張的情緒，舒緩各式各樣來自於外界的壓力。

成長中的孩子們和成人一樣渴望擁有自我的隱私。一般說來，五、六歲的兒童會漸漸地開始表達他對於隱私的渴望，並且主動、積極地為自己爭取一份隱私。想想看，您五歲的寶寶近來是否已展現出類似的跡象？他會不會關上房門，單獨地待在一間屋子裡不出來？他會不會想要擁有「自己的」房間？「自己的」

桌子？甚至於「自己的」電腦？

一般說來，當一個幼小的孩子開始在家庭中爭取自我的隱私時，多少會引得父母心中「頗不是滋味」，親愛的家長們，您是否也有同感呢？在此，我們願意先為家長們解釋一下寶寶需要隱私的「理由」，幫助您在了解了這些原因之後，能夠較為坦然地看待並且尊重孩子的心意。

我思故我在

成長中的孩子需要擁有獨處的時間，好讓他能自由地思考一些只屬於他自己的事。

剛剛開始上學的寶寶更是如此。在過去，父母是寶寶唯一的「一片天」，如天神般偉大的父母，幾乎可以無所不能地滿足寶寶的一切需求。然而，當寶寶離開了父母，開始上學之後，他會突然發現，其實他自己和爸爸或媽媽，是完完全全不相同的個體。從現在開始，寶寶會學習如何自己跌倒自己爬、自己的問題自己解決、自己的生命自己思考，因此，能夠不被打攪、不被中斷的獨處的時間，對於迫切地想要學習如何為自己打算的寶寶而言，即變得十分的重要了。

專屬天地

五歲的寶寶也需要一個單獨的空間，讓他得以在其中自由自在地面對自己的情緒，不論他是哭、是笑、是嗔、是怒、模仿他人、自言自語……等，他都可以不必擔心會被任何人「偷看」到他的糗樣子。

雖然說在現代社會繁忙與擁擠的生活中，有愈來愈多成長中的孩子無法擁有一間自己的房間，但是家長們只要稍稍花一些巧思，要為寶寶張羅一個小小的專屬天地，其實並不是一件困難的事。屋子的一個角落、一張桌子或是一個小小的櫥櫃，都會令五歲的寶寶滿意得不得了，此外，家長們也可讓寶寶自由營造或選擇他的轄區，飯桌下、一個大的紙箱、沙發椅的背後，也有可能雀屏中選成爲寶寶的私人屬地喔！

沈澱與反芻

對於每日生活中所發生的大大小小事情，成長中的寶寶需要一段不被外人闖入打攪的時間，獨自反省、咀嚼、消化、吸收、整理並學習。

有些孩子在剛放學回家時，對於家人們關懷的詢問一概以：「沒什麼！」或是聳聳肩膀來回應。這是因爲寶寶已經懂得了只要不說出來，就不會被人知道的道理。也就是說，五歲的寶寶會自由地以「說」和「不說」的方式，來控制父母對於他的想法所了解的程度。

因此，我們建議家長們，不要在寶寶剛剛放學回家時，就「如飢若渴」地拚命追問學校裡所發生的事，禮貌且尊重地爲寶寶預留一些沈澱和反芻的時間，別急，等他將自己整理好了，自會主動且迫不急待地與您分享他一整天在學校中的點點滴滴呢！

只因寶寶長大了

最後一個原因，也是一個對於父母而言不爭的事實，那就是隨著寶寶漸漸的長大，他會愈來愈獨立，愈來愈有自己的主見，也會愈來愈渴望「沒有人來麻煩他」，正如每一個健全的生命一般，寶寶需要擁有自己的隱私和清靜。

有許多孩子到了五、六歲這個年齡時，會突然堅持要自己洗澡、自己穿衣服。我們給家長們的忠告是，即使您五歲的寶寶自己洗澡洗得不太乾淨、穿衣服搭配得「不倫不類」，也請務必睜一隻眼、閉一隻眼，在無傷大雅的情形下，任由寶寶爲他自己做主，容許他快樂地體驗獨立與自主，早早發展出健康的自信心。

親愛的家長們，現在您懂得爲什麼寶寶要爭取他的隱私權了嗎？而您也願意支持與配合，幫助寶寶成功地通過這一個階段的成長里程碑嗎？如果您的答案是肯定的，那麼我們建議您不妨朝著以下三個方向去努力：

互敬互諒

首先，請家長們要做好一些心理準備，五歲的寶寶雖然已經開始爭取他自己的隱私權，但是這並不表示他懂得尊重他人的隱私。因此，家長們可以先從尊重寶寶的隱私開始，爲他樹立一個良好的榜樣，讓寶寶藉著日常生活中的耳濡目染，自然而然地學會尊重他人的隱私。

舉個簡單的例子來說，在您進入寶寶關著門的房間之前，請養成習慣，先禮貌地敲敲門，客氣地問問寶寶：「嘿！寶寶，爸爸可以進來嗎？」久而久之，寶寶在進入您關著門的書房之前，也會先敲敲門，問一聲：「我可以進來嗎？」而不會「砰！」地一聲推開房門，大剌剌地衝了進來。

在培養與寶寶互敬互諒彼此隱私需要的過程中，您還可以因此而建立起一套親子間優良的溝通方式，這個一石二鳥的好處，請您千萬不要輕易錯過喲！

請勿失魂落魄

有不少的家長們會在寶寶逐漸獨立、逐漸脫離父母、逐漸「遠走高飛」的過程中，感到一種孩子翅膀長硬了，自己被拋棄了的失落感。

親愛的家長們，雖然我們並不鼓勵您有此種念頭，但是如果您已「無可救藥」地感受到強烈的空虛與無奈，那麼我們也建議您稍稍花一些心思，緩和寶寶爭取隱私所帶來的衝擊。

譬如說，您可以和寶寶共處一室，但是彼此互不交談，「各幹各的活兒」，這麼一來，寶寶既可以「不受到您的管轄」，完全地自主，又可感受到與您同在的安全與滿足。試試看，也許這麼一來，您心中的「空巢症」會因此而不藥而癒了呢！

隨時待命

最後我們要提醒家長們，不論寶寶目前是多麼的渴望獨立，渴望享有充分的隱私，但是他終究只是一個五歲的孩子！您的寶寶十分有可能在拚命地爭取到隱私之後（例如自己睡一間房間），卻在幾秒鐘之內完全變了卦（突然之間又哭著不肯自己睡），變得膽小依賴，絕口不再提「他自己的……」這碼子事！

因此，家長們暫時還不能在寶寶表示出諸事願意自理時，便立刻退讓撒手不管，您還不可「高興得太早」，五歲的寶寶仍然需要您不時地在一旁守候呵護。親愛的家長們，這一條漫長的成長與獨立之路，寶寶才剛剛起步，還走得不太穩，不太熟練喔！

寶寶如何動腦筋

好奇、好問和好研究是五歲孩童的特質。

您五歲的寶寶想要了解整個世界，對於他所接觸到的每一個人，每一件事與物，他似乎有著永無止盡，並且愈問愈多的問題。類似於：「這個人是誰？爲什麼穿這種衣服？喔！空中小姐！在飛機上怎麼上班呢？每天晚上怎麼回家呢？不回家！那麼晚上睡在什麼地方呢？去哪裡吃飯呢？……」、「這是什麼東西？望遠鏡？爲什麼可以看得這麼遠呢？可以摺起來放在盒子裡？啊！我也要試試，讓我來……」等連環問題的威力，想必家長們早就已經親身領教過了。

除了發問之外，五歲的寶寶對於他所得到的答案，也非常的認眞和一絲不苟。「等會兒再說！」、「就是這樣沒有什麼爲什麼！」、「打開開關，電燈就會亮」等搪塞迴避、避重就輕、顧左右而言他以及敷衍了事的回答，都無法矇混過關，不可能令寶寶感到滿意。

五歲寶寶能夠集中注意力的時間也變得愈來愈長了，因此，他會開始心無旁鶩地凝神研究一些他感到有興趣的事物。舉個例子來說，當五歲的寶寶玩積木的時候，他會用心努力地去試著搭一棟房子或建一座橋，較之於一年之前，他純粹只是搭高了再打倒它瞎玩一通，目前的寶寶眞是長進了不少喔！

家長們只要稍加留心，也不難從五歲寶寶的行爲之中，看出他使用「科學」方法（觀察、推測、實驗與結論）來研究事物的能力。延續上述搭積木的例子，在搭積木之前，五歲的寶寶會先仔細觀察每一塊積木的形狀、大小和顏色，在腦海中構思出他所想搭出的成品，然後小心地搭，試試他的想法是否正確，萬一不正確，那麼寶寶會立即修正他所使用的方法，重新調整之後，再以改正過的構思繼續努力嘗試，直到成功爲止。

而一旦寶寶成功地搭出了他心中所預期的成品，他會花一段時間不斷地拆了再搭、搭了再拆，重複同一過程，多多享受幾次成功的喜悅。

除了上述我們所列出五歲寶寶動腦筋的特性之外，過去數十年來，兒童心理學家們已歸納整理出許多有關於幼小兒童學習與思考的模式及規則，我們將在下文中爲家長們一一列出，相信您在讀完了本文之後，必能因爲了解，而更加貼切地懂得如何以正確的方法，激發與引導五歲寶寶的學習。

寶寶思路面面觀

• 請記住這最重要的一點，每一位五歲的孩子都是一台自動自發的小小學習機，假如您的寶寶不學習，那麼問題必然出在他所面對的科目，或是引不起他的興趣，或是過分困難，令寶寶因爲受挫而放棄了學習。

• 對於五歲的寶寶而言，玩耍就是學習。經由玩耍，他可以學得最快也最好。同樣的，因爲學習，寶寶也可以從中得到許多玩耍的機會和快樂。

• 寶寶的天賦已可經由評估之後，藉著啓發與練習而更上一層樓。

• 介於五到八歲的兒童，他們的學習方式和八歲以上的兒童是完全不相同的。五歲的兒童喜歡親自動手，經由實際經驗而學習（例如一個蘋果加一個蘋果等於兩個蘋果，三顆葡萄吃了兩顆只剩下一顆），他們也還沒有接受正式學術訓練（讀、寫、演算）的能力，因此，過早的「塡鴨」只會徒增孩子痛苦、挫折與失敗的感受。

• 五歲大的寶寶因爲大腦控制體能的機制尙未發展完全，基本上說來，是「屁股上長了刺」，完全坐不住的。因此，在您的寶寶認眞學習的過程中，最好要能容許他有自由移動、走來走去的機會，才可以延長學習時間，免得寶寶很快就感覺到疲倦。

• 在五歲的寶寶十分努力地試著去做一件事，但卻失敗了的時候，他會產生一種「我永遠也沒有辦法做好這件事！」的不實結論。

• 對於他做得好的事，寶寶需要大量的讚美和鼓勵，而對於他做不好的事則完全不需要任何的斥責或批評。因此，即使是在您的眼中寶寶的「大作」看來實在是「一片混亂」，但是如果您將之懸掛在家人都能看得到的重要角落，那麼寶寶會得意洋洋，大受鼓勵地製造出更多的「傑作」呢！

• 五歲寶寶的社交發展和學科發展同樣的重要，他們需要有群體活動的機會。

• 整體說來，當五歲的寶寶能夠自由地發問，認眞地研究「眞實」的知識時，他們所能達到的學習品質，也必定是最爲優秀的。

不是修理！

管教（Discipline）這個名詞有許多不同的意義，對於許多人而言，管教就是懲罰，有些人卻認爲管教是教導孩子的是非對錯，也有一些人以爲管教就是爲孩子的言行思想設下不可出軌的界線……。

事實上，管教就是管束和教訓，是我們用以幫助孩子「文明化」，成功地打入社會人群的一個過程。

要能明確地爲家長們提供一套「放諸四海皆管用」並且「永不失效」的管教方式並不是一件容易的事，原因在於每一個孩子的個性都不相同，而當孩子處於不同的年齡層時，他所需要的管束或「文明化」的方式，也會變得完全不同。

因此，以下我們將先帶領家長們從「因人而異」、「因年齡而異」這兩個主題，來深入探討如何恰當地管教孩子。

因人而異

凡是家中不只有一個孩子的父母們都會同意，他們幾乎可以從孩子仍在襁褓中的時候，早早就看出這個孩子與眾不同、迥異於兄弟姊妹的「個人風格」。的確，一樣米養百樣人，即使是來自於同一個「工廠」的親兄弟姊妹們，他們的性情脾氣仍然會是完全不一樣的。

一般說來，對於比較害羞、敏感的孩子，父母們通常只需一個眼神、一種臉色或是幾句重話，即可達到管束的效果。這一類型的孩子們也比較需要溫柔的安慰和不斷的鼓勵，以使他們心中放心地相信，做錯事並不影響父母對他們的愛。

相反的，對於一些活潑外向、精力旺盛、好動又十分容易衝動的孩子們來說，父母的眼神、臉色，他們完全看不見，不論是善意的提醒還是嚴重的訓誡，全都會變成「耳邊風」般左耳進右耳出。因此，家長們往往必須動用關禁閉、沒收或「家法」等「大刑」來伺候，才能讓這些孩子們明白他們某些不當的行為是不被社會所容忍的。親愛的家長們，假如您心愛的寶寶正是屬於此一類型，您必須先完善地做好心理建設，如果您想要改變寶寶的行為，那麼您要努力地想辦法給予寶寶「非改變不可」的「良性動機」，才能使他自動地控制與改變不當的行徑，「按牛強吃草」的方式對於這類孩子是完全無效的。

最後我們還想提醒您，別以為女孩子比較聽話，而男孩子則需要強烈的管束，眞正決定一個孩子是「吃軟」、「吃硬」還是「軟硬都不吃」的因素，是這個孩子的個性，而不是他的性別。

因年齡而異

孩子的年齡，代表著他發展與成熟的程度。因此，我們對於一個孩子「文明化」的期望值，自然而然的會隨著孩子的歲數而有所差別。

範例一

舉個例子來說，如果有一個兩歲的孩子在有人搶走了他的棒棒糖之後，拳打腳踢地大發脾氣，大部分的人都會「見怪不怪」地將這種「不正確的行為」，當成是理所當然般地一笑置之。原因在於，這幾乎是每一個兩歲大的孩子都可能會產生的反應，他們還不懂得如何適切地用言語來與人交涉或是表達心中的不滿，因此，他們只好以發脾氣來抗議，而這種做法也能得到大多數人的「諒解」。總而言之，家長們必須糾正兩歲寶寶這種「撒野」的行爲，但是千萬別將此事看得過分嚴重，畢竟寶寶並沒有其他更好的選擇，來讓他發洩滿腹的怒氣和委屈。

然而，如果以上的劇情改爲發生在一個十歲孩子的身上，那麼家長們就必須「嚴陣以待」，密切正視孩子這種與年齡不符的舉動和反應，努力糾正他的錯誤，幫助孩子快快地「改邪歸正」，走向「文明化」的正途。

範例二

再舉一個常見的例子，大部分五歲的孩子難免都會有「順手牽羊」，將不屬於自己的東西放在口袋裡帶回家的「毛病」。親愛的家長們，當這種情形發生在寶寶的身上時，請先保持冷靜，稍安勿躁，您的寶寶並不是一名竊盜狂，他更不是天生做小偷和扒手的料，五歲的孩子，其實還不太分得清楚「我的」、「你的」和「他的」之間的差別。

雖然說五歲的寶寶已經會自動地將自己的玩具和別人分享，但是基本上說來，他仍是處於一種以自我爲中心（egocentric）的成長階段，他喜歡強調自己所擁有的一切。

因此，當您管束寶寶喜歡「夾帶」的惡習時，請務必只要堅決地讓寶寶明白對方的「失物之苦」即可，不必因爲寶寶一次的不懂事，或是偶爾地再犯而大發雷霆地修理他一頓，更不可因此而讓寶寶覺得他已犯了十惡不赦的大罪，並且永遠喪失了您對他的愛以及他在您心目中的地位。

要知道，即時阻止寶寶「衝動」和「不經大腦」的不良行爲原本就是您的責任，您的任務不就是要幫助寶寶學會如何自我克制，達到「文明」的行爲標準嗎？現在您既然已經懂得了屬於五歲寶寶的「人格缺陷」，那麼就請您千萬不必反應過度，您一定要多多運用愛心與智慧，幫助寶寶截長補短地超越「幼稚」的

「舊我」，早日跨出成長的大步。

要怎麼收穫先怎麼栽

在結束本文之前，我們願意邀請家長們，在您心平氣和的時候仔細地想一想，鄭重地下一個決心，您希望寶寶長大之後成爲什麼樣的人呢？是冷靜、沈穩、善用智慧？還是急躁、易怒、做事不經大腦？那麼您又是否願意「身先士卒」爲他做個好榜樣呢？別忘了，有太多太多的人，小的時候最大的志向就是：「長大以後要像爸爸／媽媽一樣」。

親愛的家長們，讓我們再叮嚀一句，管教孩子並不是修理孩子，而是一種幫助寶寶學會自重、自愛以及自制的教育過程，您不僅要教會孩子做人處事的藝術，更要告訴他失敗爲成功之母，在成長的過程中，沒有經驗過跌倒的人，是永遠長不大的！

提醒您！

- ❖ 現在正是為寶寶培養交友「好習慣」的最佳時機！
- ❖ 沒錯，小小五歲寶寶的隱私權，請您務必要尊重！
- ❖ 千萬不可修理寶寶喔！

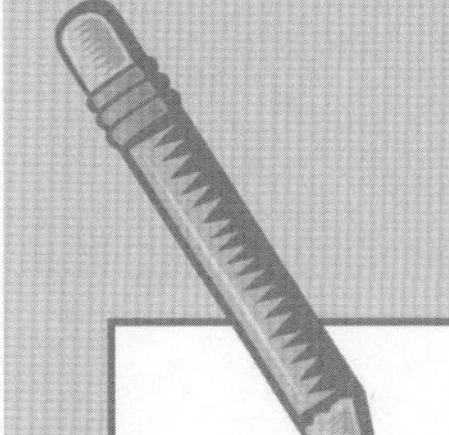

迴　響

親愛的《教子有方》：

雖然我本人是小兒科的護士，但是我每個月都迫切地渴望郵差早早送來當月的《教子有方》，您們這份刊物實在是編得太棒了，我每個月都從您的篇篇精采傑作中，學到一大堆寶貴的知識。

真是十分感謝您！請繼續加油，維持這份好刊物。

白含蒂

美國伊利諾州

第四個月

寶寶的情緒夠聰明嗎？

凡是望子成龍、望女成鳳的家長們，無不希望自己的孩子能夠擁有愈高愈好的智慧智商（intelligence quotient），也就是俗稱的IQ。在絕大多數人的想法中，愈是聰明、擁有過人智慧且智商高人一等的人，日後成功的勝算也就愈大，幸福當然也就愈多。

然而，事實似乎並不是如此。

近年來許多學術報告已不斷地指出，情緒智商（emotional quotient），也就是俗稱的EQ，其實會比IQ更爲準確地，預測一個孩子未來的一生是否能夠家庭快樂美滿，事業有所作爲。

從EQ看一生

以下就讓我們先爲您介紹一個十分重要的學術研究，幫助您更進一步地了解EQ在生命中所扮演的角色，具有多麼深遠的影響。

在這一項實驗中，參與者是一群四歲大的幼兒們，在他們每個人的面前都有一顆棉花糖。設計此實驗的研究學者們十分仔細清楚地告訴這些孩子，他們可以自行決定，是要立即吃掉棉花糖，還是暫時先不吃，但如果能等研究人員去買一些東西回來之後再吃，到時候他不但可以吃下原來的那一顆棉花糖，還可以再多得到另外一顆同樣的糖。

從這個有趣的實驗之中，研究學者們發現，大約有三分之一的孩子，會不管三七二十一先吃下眼前的這一顆糖再說；另外三分之一的孩子會試著等一會兒，但卻在工作人員買東西回來之前就放棄等待，吃下了棉花糖；剩下那三分之一的孩子，則會堅持到底，一直等到工作人員再度出現，發給他們第二顆糖爲止。

因此，這項研究的結論是，有大約三分之一參與實驗的四歲兒童，擁有爲了「更好的結局」，而發揮忍耐（不吃糖）與等待（等工作人員買東西回來）的決心和毅力！但是，更加有意思的結果還在後頭喔！

十多年之後，研究學者們繼續追蹤這一批已上了高中的孩子們，經過深入的比對與分析之後，豁然發現了以下的驚人結果：

當年（只有四歲的時候）那一批忍不住一口吃下面前的棉花糖（不肯多等待一會兒以得到兩顆糖）的孩子，上了高中之後，幾乎清一色地都成爲十分頑固、孤單和容易生氣、沮喪的青少年。不僅如此，對於困難和挑戰，他們大都採取迴避和閃躲的態度，稍有壓力便會立即退縮和放棄。

相反的，當年那批懂得等待、堅持到底，吃到兩顆糖的孩子們，不僅學業上的表現全都十分優異，還都較有自信，勇於嘗試、冒險，非常值得信賴，並且也都擁有極佳的人緣。整體說來，這一批孩子們全都變成標準的「品學兼優」的好學生了！

EQ的魔力

親愛的家長們，從以上這個研究的結果，想必您已明瞭EQ在一個人的生命中，所扮演的是多麼舉足輕重的角色啊！但是，這也並不表示IQ就不重要了，曾有心理學家十分傳神地以「IQ可以幫助一個人謀得一份聘書，但是EQ卻可決定此人日後是否能夠平步青雲，步步高昇」，來說明EQ與IQ是如何缺一不可，相輔相成地共同爲每一個人的生命掌舵。

說得更明白一些，在一個會令大多數人因而消沉沒頂的逆境之中，唯有EQ夠高的人方能保持樂觀豁達的心態，繼續向上奮力攀爬不放棄。EQ的重要，也說明了為什麼有許多IQ極高、「小時了了」的孩子，長大了之後「卻未必佳」的道理。

大致說來，EQ較高的人都是十分有自信、也十分的討人喜愛，在社交群體中，總有令周圍的人感到舒適自在的個人魅力，在與人對談的時候，也總能使對方覺得自己是全世界最重要的人。

這種難以言喻的魔力，不僅是決定一個人事業是否成功的先決條件，更是一般人婚姻甜蜜、家庭幸福的必須要素。此外，EQ還影響著此人與人交往、關懷他人的能力，更是架構發揮自我潛在能力的重要棟樑。

如此重要的特質是從何而來的呢？以下就讓我們一同來剖析EQ，仔細地弄清楚其中的來龍去脈。

組合EQ的零件

首先，每一個人隨時隨地對於自我內心感受的了解，是搭建EQ的唯一藍圖。

也就是說，人要先清楚地知道自己「鬧的是什麼情緒」，然後才能對症下藥地想辦法「擺平」這份情緒。親愛的家長們，請您不妨仔細地觀察五歲的寶寶，當有人用言語「凶」了他的時候，他是會立刻放聲大哭，並且邊哭邊說：「我不喜歡你這樣凶巴巴地對我說話！」還是只會傻傻地發呆，沉默了半晌不知道自己要做什麼才好？又或者當爸爸遠行出差好多天之後，寶寶是會不斷地說：「我眞希望爸爸現在已經回家了！」還是表現得若無其事、絲毫未受影響，但是卻會在夜裡尿濕床褥？

其次，善解人意懂得察言觀色，並且適時適地地做出最正確和最合宜的反應，也是EQ的重要元素。

近年來隨著醫學知識的累積，我們已能從解剖和生理的層面，找到了爲什麼人們經常會做出一些，或說出一些「沒有經過大腦思考」的行爲與言語的確實證據。也就是說，在某種情形之下，我們的反應不但的確會「欠缺考慮」，甚至於還會「完全不能思考」。想想看，您是否也曾經有過：「天哪！我嚇得腦子裡一片空白……」的經驗？我們的情緒，尤其是負面的情緒，特別容易干擾並且中止大腦正常的運作（例如人在緊張的時候容易表現失常）！因此，一個人如果能夠超越情緒的影響，理智地做出最正確的回應，那麼此人即可說是已擁有了極爲優質的EQ呢！

最後一點，也是對於家長們而言十分重要的一點，那就是控制情緒的能力本領可以經由學習與訓練而造就出來，根據兒童心理學的研究，每一個人控制情緒的能力，都要一直等到青春期之後，才會完全成熟與定型，也就是說，在您的寶寶還沒有成長到青春期之前的這一段時間，全都是您可以好好加以利用，及早爲寶寶累積EQ的大好時機哩！

爲寶寶的EQ加分！

有心的家長們該如何才能爲寶寶的EQ加分呢？以下是我們的建議：

• 掌控自己的情緒，以身作則爲寶寶做個好榜樣。與其如火山爆發一般大發雷霆，何不試著從一數到十，每數一個數字深呼吸一次呢？

• 留心觀察隱藏在寶寶行爲背後的情緒，當他特別「作怪使壞」的時候，是否他內心正承受著某種壓力、憤怒或是沮喪？而當寶寶「反常地」安靜乖順的時候，他是否正感到寂寞、失落或是孤單呢？

• 利用您成人的智慧與世故，來幫助寶寶整理、了解、接受、面對並且處理自己的各種情緒。譬如說，當寶寶不肯吃晚飯時，您可以告訴寶寶：「你是不是因爲爸爸出差沒有回家，心裡想念他覺得不好過，所以不想吃晚飯啊？媽媽知道想念的滋味很難受，但是不吃飯也沒有用，還是快快把飯吃完，我們來給爸爸打電話，和他說說話，你就會覺得開心一點，舒坦一些啦！」

總結本文，爲寶寶的EQ加分，是家長們一項一本萬利的投資，擁有聰明情緒的孩子不僅自我意識強烈，懂得自尊、自愛與自信的藝術，更是與人相處的箇中好手，不僅是父母、親人，連師長、同學、朋友，都會不由自主地陷入他們高度的EQ魅力之中喔！因此，親愛的家長們，從現在開始，請千萬不可忽略了爲寶寶訓練情緒智商的這份重要責任喔！

換句話說我愛你

不久之前，我們曾經爲家長們討論過爲什麼寶寶需要知道您對他的愛（詳見第二個月「寶寶懂得您的愛嗎？」），我們願意再次提醒您，寶寶不止需要清楚地明白您對他的愛，更需要您一而再、再而三不斷地對他重複、強化並保證您的「愛子之心」是多麼的「忠誠」！如果寶寶能夠持續地確知，他正被他生命中最最重要的大人所深深地愛著，那麼他將可因而發展出一份強烈的自我意識。

親愛的家長們，也許您本性沉默話不多，也許您個性保守，不喜歡把「我愛你」三個字天天掛在嘴邊，但是爲了寶寶人格健全的成長與發育，請您不妨試試多多利用以下的範例，來讓寶寶知道您愛他！

- 「寶寶你眞是太棒了！」
- 「寶寶你眞是一位好聽眾，聽媽媽說故事，一點兒都沒有打斷我呢！」
- 「媽媽就是喜歡你這個樣子。」

- 「幹得好！」
- 「寶寶，你是我生命中最重要的人，知道嗎？」
- 「謝謝你把玩具全都收拾好了。」
- 「咦！寶寶的頭髮今天怎麼看來特別黑，特別亮，特別漂亮呢？」
- 「我為你感到驕傲！」
- 「寶寶眞是爸爸的好幫手，眞是能幹！」
- 「我眞高興我們是好朋友。」
- 「嗯！謝謝寶寶幫客人拿拖鞋，你眞是體貼。」
- 「媽媽這兩天有沒有忘了告訴你，我愛你呀！」
- 「來，寶寶到爸爸這兒來，讓爸爸用力抱一抱。」
- 「我愛你！」
- 「我愛你！」
- 「我愛你！」

護守心愛的天與地

隨著現代科技的進步和工業的發達，環境汙染和生態破壞的問題也愈形嚴重，環保人士所大力提倡，各項為了維護「地球人」的生長天地而不可忽略的「新生活方式」（例如紙張回收、垃圾分類、少用塑膠袋等），除了我們大人必須努力配合全力實行之外，成長中的孩子們也可以參與一些他們所能辦得到的部分，早早學

會如何愛護這一片他將生長於斯的美好天地。

父母和師長們可以利用以下所列出的四種方式，循序漸進地帶領孩子從了解、認識，進而喜愛、重視，並更進一步地珍惜和保護地球，這個美好的、藍色的星球。

勾起寶寶的好奇心

寶寶的「環保」教育，第一步，一定要先從勾起他對於周遭自然環境的好奇心開始做起。親愛的家長們，要想完成這一項任務，其實是再容易不過了。您不需要苦心去設計任何的「教學計畫」，只要多多製造一些機會，讓寶寶可以和他的生長環境正面與實質地接觸，剩下來的部分，就讓「大自然」來接手吧！

最簡單的做法，就是經常帶著寶寶到戶外去散散步，讓他有多一些「領受」大自然奧妙的經驗。在我們現在這個社會中，大多數的兒童們花在室內的時間（例如看電視、打電腦、玩電動玩具等）太多，而花在室外與大自然親近的時間（例如躺在草地上看看天空中的白雲、赤著雙腳在小溪中踩水、甚至於爬在樹上捉知了……等）太少。因此，我們鄭重地鼓勵家長們，您一定要盡全力將您的寶寶「放」出去、「轟」出去、「攆」出去，讓他多多走向室外與大自然親近和相處。

要知道，五歲的寶寶因為身材還十分短小，心智的認知能力也仍屬有限，所以外在世界在他的腦海中所留下的印象，不但和成人的感受毫不相同，即使是和一個十歲的孩子比較起來，也是大相逕庭、差距甚遠。也就是說，假若一個孩子在五歲的時候，沒有機會親身在綠蔭遮天的樹林中散過一回步，那麼即使在當他十歲或是成年之後能經常擁有如此的機會，他也永遠不可能捕捉到類似於「哇！好大好高的樹，高得和天一樣高了，樹怎麼會這麼高呢？哇！」這種驚訝和敬畏的深刻印象與強烈經驗。

因此，親愛的家長們，請千萬別總是想著寶寶還小，利用

「以後還有很多機會」爲理由，而迴避了鼓勵寶寶多與大自然接觸的任務。此外，您還可以留意讓寶寶的聽覺、觸覺、視覺、嗅覺和味覺，在安全的範圍內（例如硫酸液不可碰、毒草菇不可嚐等等），擁有和大自然親密相遇的經驗。聽聽鳥叫蟲鳴、摸摸潮起潮落、看看風起雲湧、聞聞春泥夏草、嚐嚐蘭蜜蓮心，在在都能敲開埋藏在寶寶心中，不由自主嚮往大自然的好奇心門，帶領他繼續追尋並探索更多「發生在這個地球上」的各種奧祕！

鼓勵寶寶多多走向戶外，除了可以激發他對於大自然的好奇心，還可以促使他的想像力更加自由地發展。想想看，在五歲寶寶的心目中，路旁一朵漂亮的小白花，是否能令他想起花團錦簇的結婚典禮中，新娘子手上夢幻般美麗的捧花？屋前老樹旁的那塊大石頭，又是否能化身爲一座固若金湯、銅牆鐵壁般堅實的城堡？而夕陽金璧輝煌的光華，又是否來自於山腰背後大戶人家中的七彩寶石呢？

親愛的家長們，何不就從今天開始，帶領寶寶走出戶外，一起去看看天，看看地，看看存在於天地之間既美妙又有趣的萬事萬物。

灌輸正確的知識

一旦寶寶對於大自然的好奇心被勾起，家長們即可把握機會「乘勝追擊」，主動且刻意地灌輸大量正確的「自然之理」。影子的長短、風的強弱、月的圓缺、鳥獸蟲魚、花草樹木，全都是「學問」，家長們可以細心觀察，伺機等候，在寶寶興味正濃專注於其中的時候，以自然分享、陳述事實、不上課也不說教的方式，將這些重要的知識一點一滴地灌輸到寶寶的腦海中。

舉個例子來說，大多數五歲的孩子對於：「來，寶寶來，記住，這是海芋花，白色的海芋，跟著媽媽說一遍，海芋！記得了嗎？告訴媽媽這是什麼花？」之類刻板死硬的教導都不會太感興趣。

反而當家長們有一搭、沒一搭地和寶寶閒聊時：「唉？寶寶怎麼一直盯著這朵花看？你覺得這花很漂亮對不對？嗯！白色喇叭形的花瓣，嫩黃的花心，長長的花莖和搖曳生姿的綠葉，配在一塊兒眞是美極了，這種花叫做海芋，很多新娘子在結婚的時候，都喜歡用海芋做捧花，純潔、美麗又漂亮，你將來長大了也可以考慮用海芋來做新娘捧花……」寶寶經常能一次就學會許多重要的「知識」。

除此之外，家長們還可以採取主動，刻意將大自然的各種規律和道理，介紹給寶寶知道。譬如說，您可以利用春天枝上新綠的嫩芽、夏日的花朵、秋天的落葉和冬天綻開的寒梅，來爲寶寶解釋四季交替、萬物生生不息的道理。也許您會遲疑：「我又不是主修自然科學的人，如何能教會寶寶這些知識呢？」別擔心，您的知識一定比寶寶豐富，還記得「您過的橋要比寶寶走的路還多」的說法嗎？只要您稍稍付出一些心思，寶寶必能有所長進。別忘了，您最重要的任務是要牽引寶寶踏入知識殿堂的大門，爲他的學習開啓更寬更廣的空間。能有父母在生命的早期即爲他開啓雙眼看見大自然的孩子，是非常有福氣的。親愛的讀者們，爲了寶寶的成長，請您務必要勉力爲之喔！

培養呵護的習慣

接著下來，家長們可以在實際的生活中爲寶寶提供一些發揮愛心、捨我其誰、呵護大自然的機會。

我們認爲，最古老、最原始的「種地」，是一個最容易讓寶寶學習照顧生命與環境的好方法。不論是觀賞性質的花草或是可供食用的蔬果，您都可以「捲起衣袖，親自下田」，帶著寶寶一起來體會一下栽種的樂趣。您可以在戶外開闢一小片「寶寶的地」，也可以在室內安排一個「寶寶的花盆」。如果您實在是忙得沒有時間整地填土，那麼您也可以先帶著寶寶「種豆」，用薄薄的幾層衛生紙養出豆芽、豆藤、開出小花、再結出幾個飽滿的豆莢，這對於寶寶而言，將是多麼有趣和特殊的經驗啊！

從這些園藝的經驗中，在寶寶的內心深處，會油然升起對於大自然的尊重、照顧和保護的強烈使命感。寶寶會懂得，要照顧好一棵植物，光憑著「好心」是不夠的，他必須設法了解這棵植物的需要，努力實行並且隨時保持警戒，以便能及時應付各種突發和未曾想到的狀況，他要澆水、施肥、除草、翻土、注意陽光及氣溫……等，每一個小節都疏忽不得，因爲一不小心，他就有可能會前功盡棄。對於寶寶的成長而言，這眞是幫助他從以自我爲中心的思想層次，躍升至以他人（或植物）爲中心的思想模式最好的方法。

親愛的家長們，您沒有「綠手指」嗎？不要緊，您是不是種得出「果實」並不重要，重要的是五歲的寶寶在這個過程中所學到的經驗和所收穫的「成長」，是彌足珍貴，無法由其他的方式輕易取得啊！因此，何不就從種豆開始，帶領寶寶學學「農事」吧！

訓練環保小尖兵

請別小看了五歲寶寶的本事喔！只要經過恰當的訓練，保證能成爲一名毫不含糊的環保小尖兵喔！

您可以教會寶寶隨手關燈的好習慣以節約能源，您也可以教寶寶如何兩面使用紙巾以免浪費森林資源，珍惜食物，不隨意丟東西，想辦法爲每一件物資都再創生命的第二春、第三春……（例如過期的月曆可以用來墊抽屜，用舊了之後可以裁成便條紙，寫過字之後還可以回收做成再生紙……），您更加可以教導寶寶垃圾必須分類處理（例如保特瓶、報紙、罐頭、電池、玻璃瓶等都應正確歸類）。

除此之外，您還可以帶著寶寶打開自家大門，開始打掃「門外」的一切。寶寶將會在打掃的過程中深切地體驗到，隨手亂丟垃圾、紙屑、破壞公物等行爲，所造成的後果是多麼的令人不悅，又是多麼的難以收拾。由此，他將會自動自發，自我期許做個具有公德心的好公民。

最後，家長們還必須教會寶寶如何照顧他自己，健康的飲食、整齊清潔的服裝、端正的儀容、充足的睡眠等，都是身爲人群一分子所應盡的「內在義務」和所應扛起的社會責任。

總而言之，只要家長們有心，必能將每個人的生命都和整個地球有著休戚與共密切關係的道理，深植在孩子的心中，幫助寶寶成長爲一名懂得環保也願意環保，造服眾人也造福自我的「優等好公民」。

「分數」就在生活中

親愛的家長們，還記得您是在什麼時候，第一次學習數學中的「分數」嗎？小學五年級？還是中學一年級？您打算什麼時候開始教導寶寶「分數」呢？再等個三、五年？還是到時候再說？

其實，對於「分數」這個概念，您五歲的寶寶早就已經不陌生了！他從日常生活中種種類似於「半杯牛奶」、「四分之一個西瓜」、「三分之一碗飯」的用語中，已經對「分數」有了一個相當粗淺的認知。既然如此，又何必一定要等到他上了小學五年級時再來學習「分數」呢？

以下我們爲家長們所介紹的親子活動，既簡單又有趣，既可動動手，又可動動腦，還可以教導寶寶一些有關於分數的基本原理，盼望您能多多善加利用，帶領寶寶從遊戲中，快樂地學會「分數」這項重要的數學概念。

遊戲教材

1. 請先準備好七個直徑二十公分（大小一致）的圓形厚紙板，帶著寶寶一起利用水彩筆和顏料，分別將之塗成七種不同的顏色（建議您可以考慮使用彩虹的顏色：紅、橙、黃、綠、藍、靛、紫）。

2. 將這七個顏色不同但是大小一樣的圓形紙板，分別以對半、分成三份、分成四份、分成六份、分成八份、分成十份、分成十二份（1/2、1/3、1/4、1/6、1/8、1/10、1/12）的方式用剪刀剪開。

趣味教學

從最大塊，也是最簡單的分數開始玩起，「兩個半圓可不可以拼成一個圓呢？」、「這一塊『三分之一』，要怎麼才能拼成一個正圓呢？」等玩法，都可十分有效地引發寶寶的興趣，等他稍微玩得熟練一些之後，您還可以自由地變化出更多、更巧妙的玩法。

比方說，您可以問寶寶：「需要幾塊『四分之一』才能湊成一個圓形呢？」試試看：「寶寶能不能用『二分之一』和『四分之一』兩種不同顏色、不同大小的扇形，來組成一個圓呢？」、「瞧！這一個由『四分之一』所組成的圓，如果抽出一片扇形，寶寶可不可以用兩片『八分之一』的小扇形來代替啊？」即使是難度及挑戰性較高的玩法，您一樣可以帶著寶寶逐一慢慢地玩。

在進行這些有趣的分數活動時，親愛的家長們，請您千萬不必「求好心切」地希望能有立竿見影的神效，請別忘了，寶寶要等到上了小學三、四年級之後，才會眞正開始學習分數的演算，因此，您在目前所需達到的目標，純粹只是提供寶寶一個親自實驗整數與分數的機會，讓他能在嘗試、比對和錯誤之中，對於這

「整個事件」，擁有一些「活生生」的經驗與心得，為日後課堂內書本中的學習，打下無法取代的扎實根基。

您知道嗎？有許多小學三、四年級的孩子，正因為缺少了生活中實際的體會，而在課堂上「無論如何」也學不會分數的演算。因此，藉著以上這項親子活動，我們相信您的寶寶將能擁有充分和完整的「課前準備」，使得日後的學習，能夠學得既快又好，輕鬆且高分地過關。對於這一項寓教於樂的優良親子活動，請您千萬不可錯過喔！

把心事說出來

親愛的家長們，您是否曾經有過「無法用言語來表達內心感受」的苦惱？是否曾抱怨過「沒有人了解我心裡的感受」？又是否曾被他人誤會、曲解、感到「百口莫辯」的困窘？

以上這些感受，每個人或多或少都曾經驗過，我們也因此而能清楚地了解人與人之間的溝通，是一件多麼困難的事。

錯誤的溝通方式，起源自童年時期錯誤的學習及不正確的習慣。因此，家長們可以從現在就開始，幫助寶寶學習「有效地」表達自我內心的思想和情感！唯有如此，您才能為寶寶省下日後許多的問題和痛苦，同時，您也可以「教學相長」地改善及增長您自己的表達能力和溝通技巧。如此一舉兩得的事，親愛的家長們，您願意試試嗎？

以下，我們將詳細說明四項能夠幫助寶寶表達自我、與人溝通的好方法，希望家長們要儘量多多使用喔！

鼓勵寶寶言明心志

請您仔細回想一下，有多少次您曾經問寶寶：「你心裡在想些什麼事啊？」、「你覺得怎麼樣比較好？」、「你的感覺是什麼？」大部分的成人如果不經過刻意的努力和自我的提醒，經常會在不知不覺中忽略了寶寶的存在，也毫不以爲應該要徵求寶寶的意見，更不覺得有任何必要去尊重寶寶的想法。正因如此，大部分的孩子經常竟連有關於他們自己的決定，都無法參與！

我們建議家長們，不妨多多鼓勵寶寶主動表達他的想法、感受、需求和願望，也多邀請寶寶參與家中凡是與他有關的各種決定。

當然，不同個性的孩子，要用不同方式來鼓勵！對於比較內向、容易害羞的孩子，家長們不妨先以要求寶寶回答是非題或是選擇題的方式，來引導寶寶表達自己的心意。例如：「寶寶想吃水果嗎？」「想！」「吃西瓜、葡萄還是香蕉？」「西瓜。」「好，那麼媽媽現在就來切西瓜給寶寶吃。」

相反的，對於比較外向、比較會說話的孩子，家長們則可以直接利用填空題或問答題來打開寶寶的話匣子，例如：「寶寶現在想做什麼？」「吃東西」「吃什麼呢？」「水果」「哪一種水果？」「西瓜」「爲什麼想吃西瓜呢？」……

有心的家長們應該可以從日常生活中，找到各式各樣的機會來鼓勵寶寶「言明心志」。此外，您也可以每天固定抽個五分鐘到十分鐘的時間，什麼事也不做，先和寶寶單獨相處一會兒，聽聽他對您「掏心掏肺」說些心底的悄悄話。當您必須要爲寶寶起個話題時，除了可以請寶寶談談開心的事、得意的事、期待和喜愛的事之外，也別忘了要談談他的糗事、傷心事和討厭的事喔！

最後，在寶寶對您「掏心掏肺」地「交心」時，請家長們務必要拿出最大的耐心和愛心，慢慢聽、專心聽，甚至還要沉默地等待，才能鼓勵寶寶說出更多的心情和心事。這是很重要的一點，請您千萬要做到，不可以不耐煩或是心不在焉，以免寶寶愈說愈沒勁，最後乾脆選擇沉默不說了！

做個有風度的聽衆

不論寶寶對您說些什麼，親愛的家長們，請您務必要記得「全盤接受」的藝術，即使您不同意寶寶所說的話，也請您要「先接受了再說」，絕對不可在寶寶話還沒說完之前，就急忙打斷他、修正他，或是責罵他。

舉個例子來說，假如寶寶有一天突然氣急敗壞地跑來對您說：「仔仔沒有爸爸耶！」此時您如果立刻制止他：「人家的事你不要管。」那麼寶寶很可能會感到非常的沮喪和洩氣，閉上小嘴不再說，同時也將與您溝通的管道一併封死了。因此，您不妨先「按兵不動」、「以退爲進」地問寶寶：「喔？仔仔沒有爸爸？」技巧地引導寶寶將他心中對於此事的看法和感受全盤托出，然後，您即可在自然的對談中，不留痕跡地將您對寶寶的修正和建議，點點滴滴灌輸到他的腦海和心田之中。

此外，心理學專家們定義爲「覆誦式的聆聽」（responsive listening），也是值得家長們採取的溝通技巧。這種方式其實並不難，您只要留心將寶寶所說出的每一句話都先重複一次，一來讓寶寶知道您已一字不漏地聽到了寶寶的話，另一方面也可讓寶寶聽聽由您的口中所說出他自己的話，給他一個反省及確認的機會，幫助寶寶再一次回到內心深處，確實弄清楚自己的感受，同時也給寶寶一個「改變主意」的機會。

幫助寶寶認清自己

當您和寶寶交談的時候，試試看，能不能不要總是由您來主導所有的談話內容，請將「主持人」的棒子交給寶寶，即使是當您在回答寶寶所提出的問題時，也請您要以逐步導向的方法，帶領寶寶，幫助寶寶自己把答案找出來，而不要立刻就把答案說出來。

此外，家長們還應該要刻意地側身傾聽寶寶在談話中所透露的每一個弦外之音。比方說，當寶寶問您：「爸爸（或媽媽）！你會不會和媽媽（爸爸）離婚？」時，您除了要清楚地回答這個問題之外，還應該「警覺」地想想，寶寶爲什麼會問這個問題？更要細心地留意寶寶心中眞正疑惑和顧慮的到底是什麼？因此，您不妨反問寶寶：「寶寶，您認識的小朋友中，有父母離婚的嗎？」如果寶寶回答：「沒有，但是我昨天看電視，有一個小孩的爸爸媽媽離了婚，好可憐！」此時您即可將安慰的話語放在回答之中，慢慢地解開寶寶心中的疑慮。

瞧！這麼一來，您不僅回答了寶寶的問題，還可進一步地和寶寶產生許多更深入的溝通。更重要的是，唯有在您幫助寶寶認清了自己內心深處的不安之後，寶寶才會有機會正視和面對這些問題，也才能勇敢堅強地尋求解決之道。

親愛的家長們，下一次當寶寶緊握著您的手問您：「天爲什麼會黑呢？」的時候，您知道該如何回答了嗎？

不可做寶寶的喉舌

小心，不要讓您的意見和想法，混淆了寶寶自己的主張。成長中的寶寶必須學會認清自己的想法，表達自己的想法，並且爲自己的想法負責！

想想看，有多少次您自己曾經「不負責任地抱怨」：「都是張三的建議，我才會做了錯誤的決定！」因此，如果您願意寶寶成爲他自己的想法的主人，並且是唯一的主人，那麼您必須從現在，寶寶還小的時候，就開始幫他製造機會，學習如何爲他自己的思想做主。

舉例來說，當您看到寶寶搭積木搭了很久都弄不好，因而感到煩躁時，請先不要一開口就「虛假」地稱讚寶寶的積木搭得很棒！比較好的方式，是試著先從寶寶的立場來引出一個話題，例如：「嗯！寶寶今天搭積木搭了這麼久，怎麼一回事啊？」這麼一來，寶寶即可順著這個話頭去思考，自己找出：「怎麼搭都搭不出我想要的樣子」這個問題的癥結，並且面對自己赤裸裸的情緒，「我眞是不高興，怎麼總是弄不好呢？」此時，也許您可以稍微幫忙寶寶將他的積木搭完。但是，寶寶最大的收穫卻在於當他與您交談的過程中，他不僅已面對了自己的問題，並且還主動地爲他自己煩躁的情緒負了責任哩！

懂了嗎？親愛的家長們，小心不可讓寶寶有機會說出：「媽媽說我很笨，積木搭不好，所以我才把桌子推翻。」之類「不負責任」的話喔！

總結本文，溝通是一種技巧，和所有的技巧一樣，需要經過他人正確的示範和自我不斷的練習方才學得會、學得好。因此，只要家長們能以正確的方式和寶寶溝通，並且多多地給予寶寶練習溝通的機會，那麼寶寶就必然能夠將溝通好好地學會。

難免的，身爲家長的您，必定會發現自己有許多難以改變的「積習」，有時您也會控制不住自己的情緒，衝口說出一些話，或是做出一些事令自己事後悔恨無比。即使是當這種情形發生的時候，也請您要不灰心、不氣餒地繼續「勇往直前不放棄」。

《教子有方》對您有信心，別害怕自己做得不夠好，更別以爲自己沒有能力，當您因爲失敗（譬如說，當您因爲寶寶打翻了牛奶而氣昏了頭，不僅不記得任何正確的溝通技巧，反而「口出惡言」將寶寶臭罵了一頓時）而覺得自己實在是太糟糕了的時候，請先冷靜下來，仔細瞧瞧您的寶寶，看看他渾身上下所綻放出的各種優點，回想起一些您曾經「贏得漂亮」的「輝煌歷史」。如何？您的表現到目前爲止，畢竟是不賴的喔！

最後一點，也是最重要的一點，請您千萬別忘了「失敗爲成功之母」的道理，每一次的失敗都是親子雙方改進與學習的最佳良機，只要能夠以積極的心態勇敢地面對，跌倒了立刻爬起來，一次又一次努力去嘗試，那麼您對寶寶的教育，必然會成功！

提醒您！

- ❖ 寶寶的EQ和IQ同樣的重要喔！
- ❖ 今天別忘了要讓寶寶知道您愛他！
- ❖ 及早訓練寶寶成為環保小天使。
- ❖ 想想看，您的寶寶懂得他自己的心情嗎？

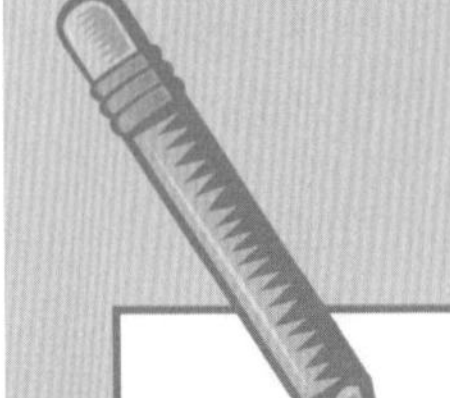

迴　響

親愛的《教子有方》：

萬分感激您們花費了這麼多的心血，將有關於教養子女的「學問」整理出來，並且出版了這麼一套「不得了」的刊物。

我覺得《教子有方》知識性的內容，十分實用並且有效，我每個月都在期待郵差快快送來當月的《教子有方》。

謝謝您，您們辛苦了！

黎行

美國加州

第五個月

告訴自己不可以

自我控制（self-control），也就是自己約束自己，自己管自己，非禮勿視，非禮勿聽，非禮勿言，非禮勿行，甚至於非禮勿想的學問，是每個人終其一生都非學不可，也永遠學不到盡頭的一門高深科目。親愛的家長們，在人生的旅途中，您除了要不斷地增益自我控制的修養之外，也別忘了要早早帶著寶寶，開始學習這項重要的「生存之道」喔！

根據兒童心理發展學家們的研究，人類從生命極早的時期開始，就已擁有了某種程度的自我控制能力。舉例來說，當被父母們充滿了愛心與關懷的雙臂緊緊抱在懷中的時候，一個只有四個月大的嬰兒，即使原本正因為肚子很餓而哭鬧不休，也會因此刻意「忍」住不鬧，將哭聲暫時打住。此外，九個月大的嬰孩也會因為想要「克制」住心中的害怕，而不斷地猛吸手指。

儘管如此，絕大多數不滿兩歲的孩子都必須依賴「外力」，才能達到自我控制的效果。也就是說，眞正的自我控制在兩歲前是極為罕見的。

心理學家們認為，在一個孩子由完全依靠大人的「外力」來控制自我的階段，漸漸成長發展到擁有自我控制能力的這一段過程中，「自言自語」（private speech）的發展扮演著極為重要的角色！因此，我們願意先為讀者們談一談寶寶的「自言自語」。

自言自語

隨著寶寶言語的成熟和進步，在大約兩歲左右的時候，他會開始將父母曾經對他所說過的，具有提醒和警戒性質的話語，在緊要的關頭，毫不自覺地以自言自語的方式說出來。譬如說，當他面前正有一碗熱氣騰騰的熱湯時，他會告訴自己：「燙燙，不可以碰！」而當寶寶走到爸爸的電腦鍵盤和滑鼠的前面時，他也會搖搖手自己對自己說：「不可以，爸爸會罵罵！」

諸如此類的自言自語會持續不斷地增加，直到寶寶三、四歲左右的時候，大約可稱得上是「全盛時期」！等到寶寶稍微再大個一、兩歲，到了五、六歲的時候，他會發展出一些更爲「高級」的自我提醒的管道，同時，也會漸漸地放棄自言自語指導自己的習慣。

仔細分析幼兒們的自言自語，心理學家們發現，在兩歲到六歲這一段期間，他們所採用的方法，是將爸爸媽媽長篇大論的訓誡中，最重要的幾個字（例如「等等」、「不可以！」），以發電報的方式（telegraphic speech）喃喃地對自己播放出來，目的在於引起自己的注意並且改變自己的行爲。

自言自語的自我引導方式，並不是只有學齡前的幼兒才會使用，成人們在某些情形之下，尤其是在學習一項新的技能時，也經常會需要利用這種方式來自我引導。最明顯的例子，就是當我們初學開車的時候，經常會需要覆誦教練的訓示：「先打燈，看一下照後鏡，回頭重新確認後方無來車，轉動方向盤改換車道！」才能完全無誤地執行整個程序。

而等到經過一些練習，對於自己較有把握之後，有聲的覆誦會漸漸地變成輕聲地喃喃自語，然後會變成在心中對自己無聲的提示，最後，即會昇華爲一種習慣性，自然而然的想法，以十分迅速且平和順暢的效率，來指引自己的行爲。

成長中的寶寶在學習自我控制的過程中，也必須經歷以上這種種的變化！研究學者們發現，當幼兒在學習一項全新的本領，或是面對一項全新的挑戰時，最喜歡自言自語教導自己。然而，隨著他們對於該項科目的進步與熟練，漸漸地變爲一種「習慣」之後，寶寶也就不再需要繼續依靠自言自語來幫忙自己了。

聞道有先後

親愛的家長們，幼兒們學習自我控制的過程，還有一個您不可不知道的重要特色，那就是每一個孩子的學習速度、早晚以及難易的感覺全都不會一樣。也就是說，有些孩子會發展得早，也有些孩子會進步得很慢，有些會學得輕鬆愉快，有些卻是學得非常的吃力。

大致說來，個性較爲隨和、好說話、脾氣比較好、比較開心的孩子，學習自我控制比較容易；而比較難纏、麻煩的孩子，則會學得比較辛苦。同樣的，我們也可以從一個孩子不專心、粗心大意、容易疏忽以及容易衝動的個性上看出，這個孩子的自我控制能力尙未完全發展成熟。

家教各不同

父母們教養子女的態度和管教的方式，也會影響到寶寶自我控制的學習與發展！研究學者們發現，假如父母們一向採取較爲權威，不可商量和要求很高的方式來對待孩子，那麼這個孩子的情緒可能會長期處於一種過分緊張和「備戰」的狀態，像一枚定時炸彈一般，不知什麼時候即會一觸即發，而一發則如洪水氾濫般完全不可收拾！

相反的，過分縱容、放牛吃草型的父母們，因爲沒有幫助孩子明確地釐清行爲的準則與界線，很容易使得原本自信心即不高的孩子，因爲一些細故，而任性任意地以極不合適的方式，來宣洩和表達自己的情緒。

好在的是，在以上過嚴和過鬆這兩種極端之間，父母們仍然擁有極爲寬廣的空間。在幫助孩子擁有較佳的自我控制能力這項課目上，您仍然可以大有一番作爲！

以下就是《教子有方》爲有心的家長們所整理出，如何調教孩子做到自動自發、管理自己的好辦法：

幫助寶寶自己管自己

您要先管好您自己

這是通往成功的第一步！親愛的家長們，您要能以身作則，並能糾察自己的情緒，爲寶寶做一個眞正的好榜樣，讓他擁有親眼目睹您自我控制情緒的深刻印象。身爲寶寶啓蒙師的您，請永遠永遠都不可忘記，您的一言一行、一舉一動全都是寶寶模仿的對象，在寶寶的心目中，您是他最最崇拜的偶像喔！

請勿大聲嚷嚷

對於成長中的兒童來說，爸爸和媽媽對他們說話時所使用的聲調和語氣，要比語言的內容來得更有影響力！

舉個例子來說，當您看到寶寶的小手快要碰到爐上的火焰時，如果您此時尖聲大叫：「不可以碰爐子！」反而可能會弄得寶寶更加緊張、更加害怕、更加情緒失控，而將小手伸出燙傷了手！

比較有效的方法，是立刻快步趕到寶寶身旁，清楚分明地提醒寶寶：「手不可以摸爐上的火，燙到了會很痛很痛喔！手手快放下來吧！」這麼一來，您不僅可以及時避免寶寶燙傷了小手，還可把握機會帶領他練習一次如何適當地控制自己的好奇心，成功地及時收手。

告訴寶寶您的想法

讓寶寶「聽」到您的想法！親愛的家長們，試試看，您能不能心口同步地將大腦中的思緒，清清楚楚地說出來給寶寶聽呢？

比方說，當您牽著寶寶的小手和他一起過馬路的時候，不妨利用機會告訴他：「我現在要先看看右邊有沒有車，然後我要再看看左邊有沒有車，等到兩邊都沒有車子的時候……，現在我要快快地走過馬路！」

這種方法可以有效地幫助寶寶將思想和行爲連接在一起，讓他明白思想可以帶領行爲，而行爲則需要在思想的正確引導下，才能做得合宜不出錯！

您要勤奮地爲寶寶預習

家長們也可養成在「事先」爲寶寶「預習」及「預演」的好習慣，幫助寶寶事事都能胸有成竹，避免養成全憑當時的感覺，不經大腦思考，衝動行事的壞習慣。

因此，下一次當您準備帶寶寶出門購物之前，不妨花上短短幾分鐘的時間，先爲寶寶做個簡短的「預講」：「等一會兒我們要去百貨公司爲爸爸買生日禮物，寶寶你要隨時隨地牽住媽媽的手！你要記得不可以像上一回那樣在貨架之間跑來跑去喔！因爲如果我找不到你了，我會很傷心，你也一定會很害怕，記得了嗎？」

利用這種事先「耳提面命」的方式，寶寶可以學習「思考」他的行爲，以及預測由於他的行爲所帶來的後果。這麼一來，即可減少當寶寶眞正「身臨其境」時，因爲來不及思考，所引發錯亂的行爲和失控的場面。

有理要說清楚

對於寶寶所必須遵守的每一項規定，親愛的家長們，請您務必花下足夠的時間，用盡各種的方式，將這些規定爲寶寶清清楚楚地講解，直到他完完全全了解、同意，直到心悅誠服的地步才可停止。千萬千萬不可光用命令、威脅和處罰來強迫寶寶就犯，更不可以依賴「苛政」來管理寶寶的行爲喔！

學術研究也已一再地發現，爲寶寶提供一個正確及合理的「嚴重理由」（例如：「拿著鉛筆的時候，不可以走路，更不可以跑步，萬一跌倒會刺傷身體或眼睛！」），會遠比單獨地下一道「御旨」（例如：「放下鉛筆才可以離開書桌！」）要來得有效許多。因此，親愛的家長們，如果您不想在日後不斷地重複處理寶寶的「違規」事件，那麼最好的方式絕對不是三令五申，而是在設限的時候，多花幾分鐘時間取得寶寶的支持，讓他日後能因爲一個「自然」的邏輯而自動遵守，才不會老是「不小心忘了」您的規定，如此一勞永逸的好辦法，請您千萬不可不試試喔！

要發問不要發火

當寶寶的行爲出軌，做了錯事，犯了規時，請不要嚴厲冷峻地指責寶寶，《教子有方》建議您收起批評，改以詢問的方式，來處理寶寶的失誤。

也就是說，當寶寶下一次「又忘了」要先脫下泥濘的球鞋再進門的時候，請您務必要「咬緊嘴唇」不可衝口開罵：「說了多少次進門前要脫鞋，又忘了！去罰站！」相反的，您要「高明」地拉住寶寶，問問他：「等一下再去吃點心。寶寶，你想一想有沒有忘記什麼事啊？」「喔，對了，又忘了脫鞋，現在你自己看一看，地上髒不髒？」「很髒怎麼辦？」「誰會來收拾呢？」

這麼一來，在您一連串的「問題攻勢」之下，寶寶必然不得不「主動自首」，勇於負責，並且自願處理善後。雖然他這一次是犯了錯，但是寶寶不會因此而覺得自己是個得了失憶症、屢屢犯錯的壞傢伙，他反而會更加努力地，在下一次進門之後提醒自己不可忘了要先脫鞋。瞧！這不是比揍他一頓小屁股要來得容易得多，也有效得多嗎？

長期抗戰，各個擊破

還有一項相當重要的原則，建議家長們不妨將之當作一個座右銘來看待，那就是在您幫助寶寶學會自己管自己的過程中，一次只可「解決」一項問題，千萬不要以「清算總賬」的方式「一併處理」。請您千萬別忘了，寶寶一次所需面對的「科目」愈少，他的學習表現也會愈好，因此，當家長們抱著「長期抗戰」的心態以「各個擊破」的方式來教導寶寶時，所產生的超級成效，絕對是以強迫寶寶囫圇吞棗嚥下大鍋什錦「功課」的方式所望塵莫及的。

所以，對於寶寶過去三個小時之內在家庭聚會中各種「不良的表現」和「丟人現眼的演出」，親愛的家長們，請您千萬不要一回到家，就一股腦兒地將寶寶的罪狀洋洋灑灑地列了一大堆。記住貪多嚼不爛的道理，寶寶只是一個五歲的孩子，他承擔不住的。選一項您認爲最最嚴重的行爲（例如隨便打開外婆的首飾盒，弄壞了外婆的珍珠項鍊），集中火力，澈底解決。至於其他的毛病，則請暫時睜一隻眼，閉一隻眼，改天再說吧！

您要善於借鏡

圖片和文字的提醒，對於學齡之前的兒童來說，往往會產生意想不到的「奇特效果」，家長們不妨考慮多多利用這個方法，來幫助寶寶學會自我控制。

怎麼做呢？很簡單！假設您的寶寶每次吃飯的時候，都會坐不住地爬上爬下、扭來扭去，那麼在寶寶的面前放一張一隻小烏龜規矩端正地坐在餐桌前吃飯的圖片，很可能可以提醒寶寶要好好地吃飯，幫助他想起，吃飯的時候必須自我克制想要去地上玩火車的衝動。

這個方法做起來一點兒也不難，但是有時卻是十分的管用，建議家長們在適當的時機，別忘了試試喔！

居安要思危，積穀能防饑

最後，我們邀請家長們在平時「也無風雨，也無晴」、「西線無戰事」的時候，多多利用故事書中各種不同的狀況，來灌輸寶寶自我控制的觀念，藉著書中人物的各種前車之鑑，幫助寶寶將一些重要的概念沉澱在內心深處，以備日後的不時之需！

唸一段小紅帽和大野狼的故事給寶寶聽，爲他分析其中的道理，與他一起討論故事的內容，那麼下一次當寶寶在街上遇到有陌生人和他攀談時，他將會懂得告訴自己：「不可以單獨和不認識的人說話」、「不可以接受不認識的人贈送的食物」、「不可以跟不認識的人走」……，而在有效的自我控制之下，保障自己的安全。

親愛的家長們，以上我們爲您所建議的方法，做來都十分的容易，但卻能有效地幫助寶寶學會自我控制和自我管理！

許多的學術報告早已清楚地指出，一個孩子如果在生命的早期沒有成功地發展出自我控制的能力，那麼他日後在求學的過程中，將會遭遇到許多因爲不注意或一時衝動而引發的問題。

相反的，學術研究也已證實，那些在入學之前即已成功地懂得告訴自己不可以的孩子們，他們在未來一生的歲月之中，將會走得比較順坦，比較如意。他們不僅在學校的時候擁有較佳的學術表現、較佳的人緣和群體關係、較能承受壓力，也較能自逆境中尋得轉機。

總而言之，一個能夠及時「告訴自己不可以」的人是三思而行，是輕鬆愉快，更是一個事事都能成功的人。親愛的家長們，請您無論如何也要想辦法帶領寶寶、幫助寶寶，努力謀取這項寶貝的本領呀！

零用錢

五歲的寶寶已經懂得了錢的重要，也已經開始「愛錢」了！隨著寶寶日漸長大，家長們或早或晚都會遭遇到「是否該給孩子零用錢？」這個難題。

零用錢，指的是家長們在沒有任何的條件之下，定期發給孩子一筆數目固定的金錢。零用錢代表了父母對於子女的肯定和重視，藉著和子女「分享」金錢，父母們所傳遞出的訊息，是信任、尊重和同甘共苦的一種愛的情懷。當孩子由您的手中領到零用錢時，他所感受到的應該是：「我長大了，我是這個家的一分子，所以我可以分享這個家的財富！」

決定要採取「零用錢」制度的家長們，需要能夠十分清楚地區分零用錢和工資之間的差別。對於零用錢，一個孩子應該是「不費吹灰之力」就可以得到的，而工資則是他必須付出努力（例如幫忙洗碗、折疊衣服等）方能「因功」而領得的獎賞。

那麼，該給孩子多少的零用錢呢？這一點我們建議家長們根據各個家庭的經濟能力來決定。當然，太多或太少對孩子都不好，家長們必須小心拿捏，才能找到一個親子雙方都覺得合理且令人開心的數字。您也不妨利用零用錢，來訓練寶寶對於金錢的概念，如何積少成多、如何量入爲出、如何把錢花在刀口上……等，都是寶寶可以早早開始學習的人生重要課題！

因此，對於家長們「是否該給寶寶零用錢？」這個問題，我們的回答是：「不妨適量地給，讓寶寶分享您的財產，也讓寶寶有機會學學理財，何樂而不爲呢？」

分類遊戲

分門別類是一項牽涉到「仔細地比較」與「正確地做結論」的活動，也是寶寶日後在漫長的求學過程中，所不可缺少的基本學習能力。本文所列出的這項遊戲，可以有效地訓練寶寶分類的能力，建議家長們要努力抽空多陪陪寶寶玩！

遊戲教材

家長們可以花一點時間，帶著寶寶從報章雜誌中，剪下各式各樣不同物體的圖片，以供寶寶練習分類之用。舉凡各種動物、服飾、交通工具、食物器具、用品和風景等，都是不錯的材料。

將一塊大約三十公分長、二十公分寬的厚紙板，平均裁成三塊，在其中之一畫上一些水波，並用筆寫上「在水中」三個字；再在另外一塊厚紙板上畫上一片草原、幾棵樹、一棟小房子，用筆寫上「在地上」三個字；最後，在第三塊厚紙板上畫上一片藍天，並用棉花黏出朵朵白雲，用筆寫上「在天上」三個字，就算大功告成啦！建議您，不妨請寶寶也動手來製作這些不同的背景，而由您自己來寫字，以增加寶寶的參與感和遊戲的趣味性。

遊戲玩法

很簡單，寶寶只需要逐一將事先準備好的畫片，分別放在正確的紙板上即可。

家長們可以不時在一旁伺機給予寶寶一些提示，例如：「如果海豚大部分的時間都住在水裡，那麼這張圖片應該放在哪兒？」、「來，寶寶你先把自己會的全部放好了，剩下那些不會的，爸爸再陪你一張一張弄清楚好嗎？」

大部分的動物，都可分別被列入這三個不同的項目之中（例如小鳥在天上飛、魚在水中游、馬在地上跑），衣物（例如泳衣在水中時穿、雨衣在地上，而太空衣則在外太空穿）、交通工具（例如飛機在天上飛、船在水中行、車在地上跑）和其他的物體（例如風箏在天上、救生圈在水中、小花開在地上）也都能按照這種方法分成三類。

這個遊戲非常好玩，親愛的家長們，您一定要陪寶寶多多玩個幾回喔！

解語忘憂靠自己

每個人都有心情不好的時候，您是否曾經因爲亂發了一場脾氣而在事後感到懊悔？您是否也有過十分不耐煩、十分急躁的經驗？想必您也曾不快樂過、痛苦過、傷心過和憤怒過？

當您處於這種負面的情緒之中時，您都是如何處理的呢？還是您根本不處理，光是等待他人來解救您？又或者您乾脆豎起白旗，任憑自己在這些負面的情緒中隨波逐流？

根據統計，有很多很多的人，對於處理負面情緒（尤其是生氣和憂愁）感到特別的困難和無助，同樣的，也有很多很多的人甚至於根本不知道，要對付這些負面的情緒其實是有方法、有技巧，也是可以學習的！

負面的情緒如果不加以適當與及時的處理，反而被埋藏在內心深處，久而久之會累積與變化出更多更複雜的不良情緒，造成一個更加難以解決的惡性循環。因此，《教子有方》鼓勵家長們，要及早幫助寶寶學會，如何以建設性的方式來處理自己的負面情緒。我們希望父母們在教導寶寶之前，能夠先有一個檢視自我處理負面情緒的機會，找出您自己在處理負面情緒時的困難，先整頓好自己的心靈，然後再跨出教導寶寶的腳步。

整修爸爸媽媽的心

親愛的家長，當您的心不舒服、出了問題、生了病的時候，第一件應該做的事，就是快快提醒自己，人生不如意十之八九，生活本就是時有歡樂時有悲苦，世界上沒有任何一個人可以永遠的快樂、永遠的樂觀進取和永遠的頭腦清醒！您所感覺到的孤單、害怕、焦慮、憤怒、沮喪、鬱悶和灰心喪氣，都只是您的大腦用來提醒您「有些事情令您不爽」的訊息。這些心理的訊息和生理的訊息（例如胃疼、頭疼、失眠）一樣，目的都在引起您的注意，好使您能循著這些病癥找出問題的根源，並且快快地解決肇因的罪魁禍首。

其次，請您要記得，怨天尤人，死死地咬緊自己的感覺不放，只會令自己沉溺在一大堆負面的情緒之中愈陷愈深，終至難以自拔！親愛的家長們，請您務必要反敗爲勝，告訴自己絕對不可成爲負面情緒的俘虜。邁開大步先從壞心情中走出來，然後您才能定下心神，平心靜氣地思考，並謀求解決之道，澈底地消彌當初那個引發負面情緒的「原凶」啊！

最後，家長們在自我面對負面情緒的時候，也必須不斷地告訴自己，逃避和躲藏並不能解決問題！在您親自動手開始處理問題之前，世界上沒有任何一個人，也沒有任何一種力量，能夠使這些問題發生任何的改變，更不可能會使問題自動的消失。

試試看，下一次當您再進入了負面情緒的死胡同時，請按照我們的建議，先將自己的情緒和外在的人事分割開來，走出負面的情緒，採取行動解決問題，看看這麼一來，您是否能光憑自己的本事順利地走出情緒的低谷，進而嚐到「柳暗花明又一村」的勝利滋味？

親愛的家長們，當您有了如此的領悟，懂得整修自己的心境之後，您要立刻開始幫助寶寶，早早學會這項人生旅途中重要的求生和自救本領喔！

幫助寶寶積極地對付負面的情緒，《教子有方》建議家長們不妨從以下所列出的六項重點開始做起：

同仇敵愾，有難同當

也就是說，當寶寶鬧情緒的時候，不論您心中「直覺」的想法是否同意，是否覺得無稽、誇張或是心有同感，都請您一定要正正經經、誠誠懇懇地來看待寶寶的壞心情。要知道，這些壞心情對於五歲的寶寶來說，是十分嚴重的啊！

因此，家長們首先要做的第一件事，就是努力以同等嚴重的心態，來和寶寶站在同一條陣線上，讓寶寶知道，對於他的感受，您是眞正的了解，也是眞正的在乎！什麼也不用多說，不必試著去美化、合理化或是隱形化寶寶的壞心情，您在此時所能提供寶寶最大的幫助，就是以大量的言語和行爲，來讓寶寶明白您出自肺腑的感同身受，並且讓寶寶知道，心情不好並不是一件壞事，沒什麼，他只是心情不好。

舉例來說，如果寶寶站在游泳池旁，死也不肯下水去試試，家長們最常使用的方式，不外乎是威逼（「快點跳到水裡去，不然，我要打你的屁股！」）、利誘（「來來來，寶寶到水裡來，好舒服、好涼快喔！你一起來玩水，等一會兒爸爸就給你買冰淇淋吃！」）或者苦苦相逼／規勸，直到寶寶屈服了爲止。

但是，我們卻建議家長們不妨在此時改變策略，試試以和寶寶談談心情的方式：「寶寶以前從來沒有進過游泳池，是不是有一點兒緊張？」、「還不想下水嗎？還想在一旁多看一會兒，多等一會兒嗎？」、「要不要媽媽在這兒陪你呢？」、「害怕水嗎？不要緊，有爸爸保護你，你不會有危險的。」尊重寶寶的感受，並且容許他採用他自己覺得最安心的方式來面對整個事件。身爲家長的您，請千萬不要心急地在一旁施加壓力，拚命遊說或是鼓吹煽動喔！

君子動口不動手

大部分的時候，人們最不能接受的，其實是負面情緒所引發的不良後果，而不是負面情緒的本身。這一層道理，親愛的家長們，請問您是否曾經仔細地思考過？

想想看，當寶寶鬧情緒、發脾氣到您實在忍受不了，大吼了一聲：「不可以再哭了！」的時候，當時您心中的不滿意是來自於寶寶的哭鬧，還是來自於寶寶的壞心情？沒錯，其實您並不介意寶寶鬧情緒，但是錯誤的鬧情緒方式，卻十分容易令身邊的人全都痛苦到快要抓狂的地步。

五歲的寶寶大小肌肉控制與協調的能力已經發展得相當不錯了，他可以成功地管理自己的行爲，也已經擁有了足夠的語言能力來表達自己，與人溝通。因此，只要家長們稍稍加以輔導和訓練，要能學會以言語來代替行爲的本領，對於寶寶而言，其實並不是一件困難的事。

一個很常見的情形是，當有人（小朋友、兄弟姊妹或是爸爸媽媽）撕壞了寶寶最心愛的圖畫書時，雖然他心中的傷心、難過、生氣和憤怒是可以理解與值得安慰的，但是寶寶也必須明白，即使是在這種情形之下，他仍然沒有權利去踢人、打人、咬人或是大聲吼叫。

身爲家長的您，此時除了要快快地做到上文所述，和寶寶站在同一陣線之外（詳見上頁「同仇敵愾，有難同當」），還可以技巧地幫助寶寶將心中的不滿，經由言語的管道傾瀉出來（例如：「你生氣書被撕破了是嗎？」、「來，寶寶躺到媽媽的懷裡慢慢說給媽媽聽，到底發生了什麼事？」）以免寶寶情急之下，貿然使用了其他的不良行爲，來反應這個氣人的事件！

除此之外，當您聽完了寶寶的敘述之後，如果能立即採取合理的措施（例如找來肇事者向寶寶道歉，幫助寶寶將撕破的書頁重新黏好……等），那麼這種正面的回饋也會更加深刻地讓寶寶明白，「好好地說」要比「大哭大鬧」、「拳打腳踢」來得有效得多的道理，而在下次有類似情形發生的時候，會自動且「聰明地」採取「君子動口不動手」的解決之道喲！

冤有頭，債有主

接著下來，家長們要繼續加把勁兒，幫助寶寶尋線追蹤，將造成他心情不好的「原凶」找出來！

有些時候，您可以一眼就看出令寶寶情緒失調的原因，譬如說寶寶的好朋友罵了他一句：「你眞是個大笨蛋！」在這種情形之下，您即可直截了當地將整件事情爲寶寶付諸言語：「寶寶心裡不好受，小寶說你是大笨蛋，你很難過對不對？」如此引出一個話頭，幫助寶寶鼓起勇氣面對他的「仇家」。

另外也有一些時候，寶寶雖然已經將滿肚子的不高興掛在臉上，但卻似乎沒有任何明顯的原因。比方說，寶寶每到了星期一的早晨就非常的不快樂，彷彿有誰得罪了他似的，此時身爲家長的您，可以憑著自己的觀察，先大膽地做一個假設，鎮定且若無其事地問問寶寶：「爸爸和哥哥姊姊們上班的上班，上學的上學，只剩下媽媽和寶寶兩個人在家，你覺得很冷清是嗎？」、「比較起來，昨天星期天全家人都在家的時候眞是熱鬧啊！」也許您即可「歪打正著」地爲寶寶解開令他悶悶不樂的心結了呢！

最麻煩，也最令家長們感到頭疼的情形，是當寶寶「莫名奇妙」地這樣也不對，那樣也不對，事事都看不順眼，脾氣煩躁，處處找麻煩，動不動就想哭，時時黏在媽媽腳邊，但卻又著實弄不明白他到底是哪根筋不對勁的時候。當然啦，寶寶可能是因爲太累了、肚子餓了、快要生病了、生活中的秩序脫軌了、玩得太瘋了種種不同的原因，但是如此的千頭萬緒，您又該從何猜起呢？

不要緊，我們建議家長們不妨直截了當地問問寶寶：「嘿！寶寶，爸爸怎麼覺得你今天看起來有點怪怪的（生氣、不痛快、安靜……等），我可不可以為你做些什麼事，讓你可以覺得好過一點兒？」、「能不能告訴媽媽，你心裡面在煩些什麼事啊？」

也許您一開始的時候不會得到一個明確的答案，寶寶可能只是聳聳肩膀、翻個白眼或是根本不理您，但是請您千萬要按捺著性子，不可急著去逼迫寶寶交心，讓他知道：「沒關係，你現在不想告訴我不要緊，等到你想說的時候我再聽！」等過了一陣子，在某一個意想不到的時刻，寶寶很可能就會自動跑來對您傾吐心中的煩悶：「我有一顆牙齒很疼！」或是：「昨天晚上我作了一個夢！」親愛的家長們，這個時候請您別忘了要以覆誦式的聆聽（responsive listening，詳見第四個月「把心事說出來」）方式，來幫助寶寶找出心中煩惱的眞正緣由喔！

心結宜解不宜結

一旦寶寶找出了令他煩惱的眞正原因，家長們即可幫助寶寶切實地解決他的問題。其實，大多數的時候，寶寶只要能將心中五味雜陳的負面情緒說出來，他自然而然就會覺得比較舒坦，變得比較心平氣和了。

舉例來說，有些孩子會先對父母們敘說及抱怨，自己和剛出生的小弟弟或妹妹所受到的待遇，是多麼的不同、多麼的不公平，他自己又是多麼的受到忽略，但是說著說著，也就慢慢地說到小嬰兒是多麼需要爸爸、媽媽的照顧，而他自己又是多麼的能幹，可以自己料理生活起居中許多的事，甚至於還可以幫助爸爸、媽媽照顧小嬰兒……，說到最後，他自己的委屈和嫉妒似乎已經全部自動煙消雲散，心情也頓時自動地開朗了起來。

而當寶寶實在是無法自己解開纏繞在心中的死結的時候，家長們也不妨不著痕跡地提出一些建議：「嗯！媽媽沒有時間陪寶寶玩火車了，你覺得該怎麼辦才好呢？好啊！以後我們可以在小嬰兒睡午覺的時候，悄悄地在客廳玩火車！」幫助寶寶稍稍地「轉個彎」，鬆開心中的結，同時也放棄一些負面的情緒。

此路不通！另闢新路！

成長中的孩子們和成人們沒有什麼兩樣，也經常會一而再、再而三地重複陷入相同的壞心情之中。想想看，您自己是否也經常會一再忍不住而亂發脾氣，或是每一次經過舊時失戀的傷心地，前塵往事就會全部湧上心頭，弄得自己彷彿又眞正地再度失戀了？五歲的寶寶也是一樣，他可能會因爲某一次不愉快的經驗，而在每次一坐上計程車時，就緊張地猛啃指甲；他也可能會常常不自覺地，動手去打某一位他特別看不順眼的小朋友。

會發生這種情形的原因，通常都是因爲對於那惱人的負面情緒，我們始終沒能有效地找到另外一條出路，因此也就十分無助地且一再地落入與過去相同的模式中，怎麼也逃脫不了。

該怎麼辦呢？其實解決的方法一點也不難，人生的問題永遠都不會只有一種解答，情緒的出路也是一樣，如果此路險阻，何妨另闢新路或是繞道而行呢？

因此，家長們可以多多利用機會帶領寶寶，以客觀的立場來分析自己的處境，並且和寶寶一起腦力激盪一番，共同想出更多、更好的解決之道。

例如您可以告訴寶寶：「媽媽知道有一隻熊姊姊也和你一樣，很生氣熊弟弟總是弄壞她的東西！」、「來，我們一起來想一想，熊姊姊除了動手打熊弟弟之外，還能怎麼辦呢？」、「是啊！她可以大聲罵熊弟弟，可以不和他說話，可以告訴熊爸爸、熊媽媽，也可以等到不生氣了再去找熊弟弟理論。」、「那麼，如果下一次弟弟又弄壞了你的東西，你能不能也像熊姊姊一樣，試試看用比打人更好的方式來處理呢？」

如此，寶寶必能一次比一次更加成功地，掌控經常發生在自己身上的負面情緒。親愛的家長們，這一招的功效其佳，請您要記得多多使用喔！

行到水窮處，坐看雲起時

人生的事，有很多時候就是如此的無奈與無解，五歲的寶寶同樣也無法倖免。能夠將心中的感覺說出來的確會舒服一些，也會好過一些，但是如果能更進一步地「苦中作樂」，仔細想想其中值得慶幸的地方，那麼這份負面情緒的殺傷力，也就會被降到最低的地步。

假設五歲寶寶在一次郊遊時，遺失了他最最心愛的布狗熊，這件事顯然會令寶寶「傷心欲絕」，這時您該如何是好呢？試試看，先和寶寶談談他的感受：「很想念狗熊，很傷心對不對？」然後鼓勵寶寶想想看有沒有值得高興的地方。「也許有另外一個小女孩撿到了布狗熊，而且會和寶寶一樣疼愛它！」再想想看因爲此事，寶寶所學到的經驗及心得：「那麼寶寶自己該怎麼辦呢？」也許寶寶會要求您再爲他買一隻新的狗熊，也許不會，不論寶寶的決定是什麼，請您都務必要尊重寶寶的想法。

別忘了，學習如何走出生命的低潮，是一門一生的功課，不論如何，寶寶必須學會自己爲自己做這一門功課喔！

提醒您！

- ❖ 有空的時候，不妨將本月「告訴自己不可以」和「解語忘憂靠自己」兩篇文章多讀幾遍！
- ❖ 可以開始發零用錢給寶寶了！
- ❖ 別忘了要帶著寶寶玩玩分類的遊戲喔！

迴　響

親愛的《教子有方》：

身為一名執業的小兒科醫師，我每天必須閱讀大量有關於兒童的學術著作，然而《教子有方》卻是其中對我幫助最多的一份刊物！

有時候我會想，假如每一個孩子在出生時都隨身帶著一套《教子有方》供父母們閱讀，那麼這個世界必定會變成一個完全不同的地方。

謝謝您們在此事上的成功！

林醫師

美國加州

第六個月

寶寶五歲半

親愛的家長們，如果要您挑選一個最貼切的形容詞來描述五歲半的寶寶，您會選什麼呢？活潑、可愛、討人喜歡、快樂、天眞、無憂無慮……？不知如何決定嗎？沒錯，五歲半的寶寶很難只用一個形容詞就一筆帶過，他是一個多層面的小生命，渾身上下充滿了朝氣和活力，每天洋溢著對於生命本身的好奇與渴望，馬不停蹄地在成長的路途上向前飛奔！

現在，我們願意和您一起來仔細地看看五歲半的寶寶，幫助您將他近來所達到的成長里程碑，做一個全方位的總整理。

社交與情感

平心而論，五歲半的寶寶仍然是處處以自我爲中心（egocentric），但是由於他們近來在社會化（socialization）和追求獨立方面快速的發展，大部分五歲半的寶寶都十分的討人喜歡，和別人相處的時候，也會令人覺得他們是挺有意思和挺愉快的。

整體說來，五歲半的寶寶已經十分的文明（civilized）了！

他可以有模有樣地使用筷子、湯匙、刀和叉。

他也可以自己爲自己穿衣服、脫衣服，只要是他看得到的鈕釦和拉鍊，都可以完全自理！他還可以大致標準地爲自己繫上鞋帶。

五歲半的寶寶還會自己洗手、洗臉並且自己擦乾。洗澡的時候，他仍然需要大人的監督和協助。洗頭則必須安全仰賴大人的服務。

除此而外，五歲半寶寶的一般行爲也比一年之前顯得更加的合理、規矩和獨立。他雖然已經漸漸地懂得整齊、清潔、井然有序的重要，但是在實際生活之中，寶寶依然需要父母不斷的提醒，才能眞正的做到也做好。

寶寶和小朋友們之間的遊戲和玩耍，已變得十分的「有深度」和「有看頭」了！對於有些扮家家酒、拼圖或搭建大規模的積木遊戲，寶寶會持之以恆地每日分段持續進行。

舉例來說，寶寶可能會和朋友們決定，要將一條板凳改裝爲一艘太空船，或是利用一個大型的空紙箱來搭建一座堡壘，當他一旦下定了決心，就必定會鍥而不捨地每天努力工作，直到完工方肯罷休。

同樣的，寶寶也會挑選一個有趣的主題，例如「鄉下老鼠進城」，然後好像上演連續劇一般，每天都扮演幾分鐘鄉下老鼠的角色，並且還會編出內容豐富的劇情呢！

五歲半的寶寶對於他的玩伴，已經不會再像過去一般來者不拒，不論張三李四，全都是朋友。寶寶已經會選擇性地結交一批和自己氣味相投的朋友！對於幼小的兒童和小動物，他會顯得十分的有愛心，像個大哥哥或大姊姊般主動保護和照顧，而當他的朋友不開心或是受傷的時候，他也會主動地安慰，自告奮勇地付出大量的關懷。

分享和輪流對於他而言已經不是陌生的觀念了。在參與團體活動的時候（例如打棒球、演話劇等），五歲半的寶寶也能毫無困難地與人合作，並且懂得遵守一切的遊戲規則，公平地與人競爭了。

整體說來，五歲半寶寶的社交生活十分的多采多姿、和諧愉悅，並且不太常有糾紛或爭執的情形出現。

與人溝通

大多數的孩子在五歲半的時候都已認得了一些數字、方塊字和英文字母，也能「全自動地」寫出幾個字。他所說出來的話語已是十分的流利、順暢，不論是遣詞用字還是文法的使用，五歲半的寶寶都已經不太會經常出錯了，所說出來的話語，聽起來大多是中規中矩、有模有樣。然而，對於一些發音十分相似並且不常使用的字句（例如漿糊和江湖），五歲半的寶寶還是可能會弄不清楚。

也許您近來已注意到了，五歲半的寶寶特別喜歡唱些押韻的兒歌、童謠和繞口令！電視廣告歌和連續劇的插曲尤其是他的最愛。當然囉，學校裡老師教的各種歌曲，也都會被寶寶經常掛在口中哼唱個不停。

五歲半的寶寶仍然和小的時候一樣，非常喜歡有人唸書或講故事給他聽，有所不同的是，他近來也漸漸開始喜歡唸書或大聲朗讀給別人聽。有的時候，他會對某一本書或是某一個故事，著迷到任何聽得到的都可一字不漏地背誦出來的地步，甚至於高興的時候，還會一邊背誦一邊手舞足蹈地配上生動的動作呢！

大部分五歲半的寶寶也已能正確地說出自己的名字、年齡和住址，有些孩子還可以說出自己的生日和家中的電話號碼。

對於他人的稱呼，五歲半的寶寶仍然不太弄得清楚每一位長輩正確的頭銜（例如高伯伯、李阿姨），因此他會模仿大人們彼此之間稱呼的方式來和長輩們打招呼。譬如說，寶寶也許會對著媽媽的好朋友（如同媽媽一般）親切地說：「莉莉，妳來啦！」而不會禮貌地說：「丁阿姨，您好！」即使是這種方法，會令丁阿姨大吃一驚，但是寶寶仍然會得意洋洋地，繼續模仿媽媽對著丁阿姨喊「莉莉」！

如果有人問寶寶一些簡單的名詞是什麼意義，他已可以清楚地以用途來回答。例如「水是可以喝的」、「腳踏車可以騎」和「皮球可以拍」等。

對於語音文字，寶寶也是十分的感興趣！他喜歡學習新的字，經常會從您的對談之中挑出一個字或詞，在正確地重複之後，認眞地問大人：「『齋』是什麼意思？」的確，好學又懂事的寶寶近來所提出的問題，對於許多家長們而言，都是不小的挑戰啊！

整體的動作

就整體動作的表現而言，試試看，如果您規定五歲的寶寶必須在一條只有五公分寬的直線上行走，他是否已可筆直不歪倒，輕易地走個大約三公尺的距離？跑步的時候，寶寶柔軟且富於彈性的雙腳，會在腳跟離地時展現出優美漂亮的弧度，而不會再像小的時候一樣，將整個腳板貼在地上，雙腳交替以快速的「彈跳」來跑。

對於一般公園和操場中常見的盪秋千、蹺蹺板、溜滑梯、吊單槓和爬猴桿兒等的活動，五歲半的寶寶會無法自制地打心眼裡喜歡，他們非常會爬、會滾、會溜、會盪，在遊戲場上，他們常非常的活潑，快樂得一分鐘都停不下來，偶爾他們還會表演一些危險動作（例如翻觔斗，從大約一公尺的高處往下跳，由下往上走上溜滑梯等），製造一些緊張的氣氛，也故意刺激一下在一旁觀看的爸爸和媽媽。

隨著音樂，五歲半的寶寶會自然擺動身體跳起舞來，他對於節拍和律韻的掌握已經是八九不離十，稱得上是中規中矩、有模有樣了。因此，很多孩子在這一段期間內，都可成功地加入舞蹈、體操、溜冰等的活動。

不論是左腳還是右腳，寶寶都可單腳站立大約八到十秒鐘的時間，還有一些孩子可以更「神」地，以雙手抱胸單腳站立到八到十秒之久！除此之外，五歲半的寶寶還可以單腳（左右皆可）向前跳大約二百公尺之遠，而雙腳併攏屈膝向前立定跳遠的距離，則大約是一百到一百二十公分。因爲五歲半的寶寶已經會接球、丟球和踢球，所以他可以、也喜歡參加各式各樣的球類運動（例如棒球、籃球、足球、乒乓球和羽毛球等）。

三輪腳踏車也是寶寶愛玩的項目，有些孩子甚至已能試著學騎眞正的兩輪腳踏車。一般說來，大部分的孩子在六歲之前，應該都可以成功地學會兩輪腳踏車，不僅如此，寶寶很有可能還會自己上車、下車、煞車和倒車呢！

總而言之，從外表看來，五歲半的寶寶眞是十分的「滿像一回事兒」啊！

精確的舉止

因爲寶寶整體行動能力的進步，他目前的精確舉止、五官肢體協調能力，也已發展到足以拿筆寫字的程度了！

五歲半的寶寶已能和大人一般，將一枝鉛筆或是一枝蠟筆，穩穩地握在大拇指、食指和中指之間。他可以照著圖樣畫出一個圓圈、一個叉叉、一個方形和有模有樣的三角形，也可以隨手畫出一個大致不離譜，看得出頭、手、軀幹、腿和五官的人形。如果您請五歲半的寶寶畫一個房子，他應該會畫出房子外觀上看得到的大門、窗戶和煙囪。最重要的一個成長里程碑，是五歲半的寶寶會先「宣告」他所要畫的物體，然後，果眞將之有形有款地畫出來！

當然囉，五歲半的寶寶也已能夠著色畫得很漂亮了！大致說來，他所塗的顏色已經不會出格了。他對於顏色的選擇也許仍然有些怪異，例如寶寶很可能會畫出一隻紅色的青蛙或是紫色的狗。親愛的家長們，當這種情形發生的時候，請您千萬別驚慌，五歲半的寶寶並不是不知道青蛙是綠色的，而狗也絕對不會是紫色的，他只是在作畫的當時，正巧心中覺得紅色或紫色比較漂亮罷了！而另外有的時候，他也只不過是單純的好奇，想要換個花樣試試效果如何。

有不少孩子在五歲半左右的時候，已能正確地說出紅、藍、綠、黃四種顏色（有些孩子甚至還可以說出更多的顏色，例如橘色、咖啡色、粉紅色、金色和銀色等等），他們也可以正確地指認出十到十二種不同的顏色。因此，現在也是一個測驗寶寶是否有色盲的最佳時機！

總而言之，在目前這個成長階段，您五歲半的寶寶正忙著做好「上學」的各種準備，身爲家長的您，務必時時記得，要容許寶寶有學習和獨立的機會，讓他知道自己的能力何在，以幫助力爭上游的寶寶，能輕鬆愉快且表現優異地完成一切學前的準備工作，爲他人生第一個，也是最重要的六年，畫上一個完美的句點。親愛的家長們，請您一定要再接再厲，堅持到底喔！

好學生基本條件

天下父母心，無不希望孩子能夠事事都順利，樣樣都成功。親愛的家長們，想來您必然也不例外！剛上學沒有多久的寶寶，正踏上一段漫長的「校園生涯」之旅。知道嗎？雖然孩子的這一段成長旅程，您沒有辦法親自和他步步同行，但是仍有很多的後勤與保養的工作，您可以在家中爲寶寶準備妥當，助他一臂之力，幫助他在成長的旅途中能夠走得平順，走得成功！以下就是《教子有方》爲您所整理出幾項寶寶在出發前必須擁有的重要裝備，請別忘了要爲寶寶做好安全檢查與確認工作喔！

服從簡單的命令

您的寶寶必須養成聽從師長指令的好習慣，才能夠在課堂中成功地「生存」下來。因此，家長們不妨在家中事先觀察並測試一番，藉機指示寶寶：「媽媽要你到書房中，把爸爸書桌上一本紅色封面的書拿來給我！」看看寶寶的反應如何。當然囉，如果寶寶在聽到指令時表現得頑逆不從或「笨頭笨腦」手足無措，甚至於慌亂緊張，雖然想聽從，但是心有餘而力不足，那麼家長們可以在家中多多爲寶寶「惡補」一番，別擔心，用不了多久的時間，寶寶必能進步神速，被您調教成一名很會「聽命辦事」的小小勤務兵呢！

等待一段合理的時間

每一個人在社會與人群之中，都難免會碰上不得不等一會兒，或是應該要等一會兒的情況。寶寶也不例外，在學校裡，不論是師長和同學，他都必須要能夠隨時拿得出等待一會兒的誠意和尊重，才能融洽地成爲團體中的一分子。因此，我們建議家長們先在家中試試寶寶：「等我洗完了碗，休息一會兒，我再唸故事書給你聽，好嗎？」測測他的耐性有多少。在此我們願意提醒家長們，等待的功夫，即使是對於大人而言，也是一種難能可貴的涵養，因此，假如您的寶寶目前還沒有辦法「等待」得太好，那麼請您千萬要耐心地先從短短的一段時間開始，慢慢訓練寶寶這個重要的本事。

反芻知識

聽完一段故事，並且回答一些有關於這個故事的問題！這是決定寶寶在學校裡求知識做學問是否成功的重要條件。首先，寶寶要能定下心神從頭到尾把故事聽完，不插嘴、不打叉、不分神、更不可打瞌睡，然後，寶寶要能將整個故事在腦海中重新整理過之後，才能回答得出有關於這個故事的問題（例如：「白雪公主總共有幾位小矮人朋友啊？」）。

家長們可以很容易地就在家中為寶寶裝備這項能力。沒錯，親愛的家長們，您只要每天固定花個十分鐘的時間為寶寶讀一個小故事，然後再和寶寶聊聊故事的內容，很快的，您的寶寶即能成為箇中高手了哪！

獨自完成一項任務

寶寶需要有能力，並且願意不依靠外人的協助，全憑自己一個人，來完成某一項任務！譬如說：「把書桌上的文具全部收到書包裡」、「把地上的紙屑果皮撿乾淨扔進垃圾筒」、「脫下外套掛在衣架上」等，全都是寶寶在學校裡必須要能夠「獨當一面」、親自完成的工作。家長們除了可以在家中給予寶寶實質的訓練之外，還要不斷地為寶寶「洗腦」，讓寶寶明白，能夠自己完成這些工作是十分了不起、十分值得驕傲的成就，更要讓寶寶懂得，爸爸和媽媽不能、也不需要永遠都陪著他，幫著他，「單飛」是成長的過程中不可缺少的一個部分！

排隊和輪流

家長們對於這兩項「合群」的功夫想來並不陌生，這不僅是可以經由培養而成為「好習慣」的本領，也是可以在家中多多練習的科目。假如您的家庭還沒有採取這種生活的方式，那麼《教子有方》建議您不妨就從今天起，在家中建立凡事排隊、凡事輪流的生活公約。這件事做起來一點也不難，但卻會帶給全家人意想不到的快樂，同時也能幫助寶寶在學校裡做一名成功的好學生。試試看，排隊喝水、輪流看電視，很值得大力推行喲！

舉手不插嘴

對於許多剛剛上學的孩子們來說，這是最不容易學會的本領，原因在於，大部分的孩子們在自己的家庭生活之中，完全不需要使用到這項行爲。因此，家長們必須刻意地在家中對寶寶耳提面命：「大人在說話的時候，請寶寶不要插嘴，但是如果寶寶你舉起手來，媽媽會知道你有話想說，會想辦法快點結束正在說的話！等媽媽告訴你可以的時候，再把你想說的話說出來，好嗎？」

剛開始的時候，寶寶總是必然會忘了要舉手，但是只要您能平和且堅持地不斷提醒，繼續要求，保證您，假以時日，寶寶不但不會隨便插嘴，還會時時做到說話前先舉手，甚至於在您不小心打斷別人的談話時主動提醒您：「媽媽，您忘了要先舉手！」

一口氣讀完了本文，親愛的家長們，現在您有把握幫助寶寶在學校裡做一名眞正的好學生了嗎？別忘了，在您五歲半的寶寶去上學之前，您需要把聽話、等待、反芻一個故事、獨立完成一件工作、排隊輪流和舉手的本領全都裝進他的書包裡喔！

人生何處不科學

親愛的家長們，以下我們爲您介紹一些日常生活之中有關於風、土地和水的簡易活動，您可以用來激盪寶寶的腦力，更可以訓練寶寶以科學的方式來探討生活中的各種遊戲，栽培一個眞正的小小科學家！

風

風從哪裡來？帶著寶寶將一隻潮濕的手指頭舉在空中，他會發現風是從手指頭覺得比較冷、乾得也比較快的那個方向吹過來的。

吹到哪兒去？在一張面紙上放一些輕的物體，例如乒乓球、迴紋針、一朵小花、一些細沙……等，拿住面紙讓寶寶鼓足了氣來吹這些不同的東西。多試幾次，問問寶寶：「小花可以被寶寶吹到哪兒啊？」、「上面？下面？左邊？右邊？哈！到處都可以？那麼寶寶有沒有辦法把小花吹到自己的臉上呢？」寶寶自然會從嘗試之中發現，他不論用什麼角度去吹，就是沒有辦法把小花吹向自己。

風的力氣有多大呢？帶著寶寶放風箏，多鼓勵他仰著脖子看看，天上除了白雲之外，還有什麼是靠著風力飛起來的呢？（例如飛機、汽球、小鳥等）家長們還可以用細繩將友人寄來的各式賀卡，一張一張吊在曬衣繩上，搬一張方桌、兩張椅子和寶寶一起慢慢欣賞風的表演！寶寶會看出大的、小的、長的、扁的、厚的、三角形的……等各種不同形狀的卡片，會在風中以不同的方式飛舞，這個活動有趣好玩得不得了，請您一定要試試喔！

土地

土地的形狀是什麼啊？用一顆滾動中的乒乓球做先鋒，帶著寶寶跟在後面，看看乒乓球時快時慢地自由滾動，猜猜看乒乓球會停在什麼地方？

誰在地上移動得比較遠？在倒扣的飯碗下放幾個大小不同的彈珠（此時請小心預防誤吞意外），左右搖動一下飯碗，打開之後，和寶寶一起看看是大彈珠會滾？還是小彈珠會滾？家長們還可以自由以不同數目（但是同樣大小）的彈珠，和不同形狀的物體（例如彈珠、橡皮、銅板等），來和寶寶一起猜猜誰會跑得比較遠？

您也可以利用不同大小與形狀的瓶瓶罐罐（礦泉水瓶、汽水瓶、有蓋的奶粉罐等），試試看瓶子全空的時候可以在地上滾得多遠？裝滿了水、裝一半的水、裝幾粒小石頭、裝一大堆沙子、裝一張紙、裝一枝鉛筆……等之後，會滾得比較近還是比較遠？哪一種形狀的瓶子最會滾？哪一種形狀的滾得快？您可以在自家客廳裡和寶寶玩這個遊戲，也可以到戶外坡地上、沙地上、草地上等不同的土地上，和寶寶聯手進行這項既有趣又生動的科學實驗喔！

水

誰主浮沉？將一個大水桶、浴缸或任何大型可以盛水的容器中加滿了水，然後和寶寶一起將不同的物體（例如小石頭、樹葉、紙片、樹枝等）扔進水中，猜猜看誰會沉下去，誰會浮起來，誰又會漂了一陣子之後才沉下去？

誰在水中跑得快？折幾艘大小不同的紙船，或是找幾個大小形狀皆不相同的市售紙盤（保麗龍亦可），在浴缸中來一個賽船大會。多玩幾次，試試看寶寶是否能從這項遊戲中，漸漸地揣摩出一些心得和結論？

親愛的家長們，以上所列出的親子遊戲，雖然簡單好玩並且經濟實惠（幾乎不必花錢），但是對於寶寶所能產生的腦力刺激以及所勾起的好奇心，卻不是任何其他的玩具所能相提並論的！不僅如此，寶寶還會因而漸漸地懂得如何去觀察、假設、實驗、分析結果並且歸納整理，以獲取寶貴的心得和知識。這是一種不著痕跡、潛移默化的栽培和訓練，親愛的家長們，請帶著寶寶，多多利用大自然早已爲您們所準備好的科學實驗室喔！

壓力不累積

在現代人的生活之中，壓力的定義指的是外在世界加諸於一個人身體和心靈上的不安，這種不安有大有小，有些是可預期的，有些則是發生在意想不到的時候，而一旦發生了之後，有些很快的會自動消失，有些則會如影隨行，久久揮之不去。

每一個人承受壓力的能力都不同，壓力對於一個人所產生的影響，以及一個人面對壓力時的態度，主宰著此人一生的行事與作爲。因此，能夠學會以積極和建設性的心情，來處理一天之中所接受到大大小小各種不同的壓力，這種人在旁人的眼中看來大多是能幹和快樂的。他們對於生命這一份工作，似乎也總是勝任得十分愉快。

親愛的家長們，假如您希望寶寶也能夠輕而易舉地，從生命旅程中無法避免的各式壓力中全身而退，那麼您必須從現在就開始，趁寶寶目前仍然擁有您的支持和協助時，多多給他一些經驗壓力的機會。

知道嗎？在我們的周圍有許多人，一旦面對壓力，不論大小，完全招架不住，他們的問題正是出在於當他們年輕的時候，從來沒有眞正學會如何成功地承受壓力。在現今的社會中，有太多的孩子們在整個成長的過程中，因爲父母盡心盡力的保護和安排，根本沒有和困難面對面的機會。許多愛子心切的父母們始料所未及的一點，就是他們爲了心疼孩子，不願意讓孩子在生活中受傷吃苦的一番苦心，反而會使孩子在日後受到更大的傷害和吃更多的苦頭！

《教子有方》願意家長們都能早早地明白，唯一能夠讓您的寶寶，不論是現在還是以後，都可以坦然面對人生的壓力，昂首挺胸快樂前行的最佳保於寶寶內心深處：「我相以處理得很好」的一種感而這種自認爲自己很能幹，相信自己會成功的信心，除了必須從實際的經驗中獲得之外，是無法經由任何其他的方法取得的。

在有了這項的認知之後，親愛的家長們，以下我們爲您詳細地整理出五項幫助寶寶學習降低壓力和消除壓力的好方法，建議您不妨在詳讀之後，帶領寶寶一同來練練這門上乘的生命功夫！

要怎麼收穫，先怎麼栽

雖然說每個人處理壓力的方法都不一樣，每個人能夠消除壓力的程度也各有高低，但是請您別忘了，父母們在壓力之下的行爲表現，絕對會深刻地影響到孩子的心情和反應！不僅如此，您在面對人生重要事故時的處理方式，以及應付日常生活中各種煩心問題的反應與對策，正教導著寶寶發展出屬於他自己的一套「減壓法」。因此，爲人父母者必須先懂得化解壓力的藝術，才能眞正地教會寶寶這項本領。

舉個例子來說，當您在心情不安（例如颳颱風、停電、出車禍、停水……等）的時候，如果能夠勉力保持鎮靜，不顯得慌張，更加不見忙亂，那麼寶寶即可從你的一舉一動之中，感受到一股極大的安定力量和極深的安全感。

日常生活中的小事也一樣，當寶寶犯了錯，或當您與人起了爭執的時候，寶寶的心情是否恐懼？是否篤定坦然？也是完全取決於父母當時的表現呢！

當然啦！身爲家長的您必然也有屬於您自己的各種感受，有的時候您在表面上看來雖然神色自若，不動聲色，但是內心卻正五味雜陳，情緒如波濤般洶湧翻騰。在這個時候，家長們對於成長中的孩子所應盡的一項義務，就是要開誠布公地，將您心中眞正的感覺對寶寶解釋清楚，大方地讓寶寶知道，窗外的閃電令您非常的害怕，遺失的外衣也令您十分的捨不得，這麼一來，下一次當同樣的情形也發生在寶寶身上，寶寶的心中也產生類似的感受時，他將不會覺得惶恐不知所措，也不會毫無防備地被這些身心的壓力所淹沒。

總而言之，成長中的寶寶在面對壓力的時候，會自然而然地從父母的身上尋找安慰、保證和穩定心情的力量。親愛的家長們，請您要隨時準備好，時候一到就要大方地「給、都給、全部都給」喔！

不欺不瞞，據實以告

人生中的壓力不論是大還是小，面對事實的眞相永遠比被矇在鼓裡來得容易。也就是說，當一個人，尤其是成長中的寶寶，如果能夠在事發之前即做好心理準備，那麼不論是再困難的際遇，也都會比較能夠承受得起了。雖然有許多時候，不論是事先知道還是不知道，有準備還是沒準備，事實都不會因而改變，但是如果寶寶能有一些時間把這些壓力預先思考一番、消化一番，那麼他會產生一種「對自己有把握」的決心和魄力，較能掌控他對此事的反應！

這種在壓力之下仍能爲自己掌舵的能力，正是幫助我們每個人成功地走過各種難關的原動力！舉個例子來說，對於末期病患或絕症患者，許多醫師們雖然覺得難以將眞相說出，但是他們必須據實以告，因為唯有如此，患者才有機會將有限的生命和時間，做一番最合心意、最不會產生遺憾的安排和利用。

因此，下一回當您必須要帶寶寶去打預防針或是拔牙之前，請別忘了，為寶寶做好充分的心理建設，為他講解事情將會如何發生。例如：「護士小姐會先為你擦一些涼涼的酒精在手臂上消毒，然後你會感覺到針刺入皮膚的疼痛，但是大約只會持續三到五秒鐘，等拔出針頭貼上膠布就不會再疼了！」幫助寶寶面對現實鼓起勇氣，預備對策：「到時候媽媽會牽住你的手，你可以閉上眼睛數一、二、三……」解答疑惑並且給予您能提供的最佳支援，是我們認為家長們最能夠成功教導寶寶面對壓力的好方法。

下下之策，就是欺瞞哄騙。例如：「手套掉在公車上了？沒關係，明天坐公車時再找找，一定還在公車上！」或是：「拔牙一點兒也不痛，你一點都不會感覺到有什麼不同！」因為正如俗話所說，家長們對寶寶只能「瞞得了一時，但是瞞不了一世」，下次再有類似的情形發生的時候，寶寶仍然會是毫無長進地無法承受、無法面對呀！

搶先一步，伸出援手

在《教子有方》作者群的臨床經驗之中，如果家長們能夠「提早一步」，預先洞察寶寶稚嫩的心靈所必須承受的壓力，那麼家長們也較能未雨綢繆，伸出援手，成功地帶領寶寶駛過生命的激流！

在哪些情形之下，寶寶容易感到緊張，覺得有壓力呢？親愛的家長們，請您一定要記得，「任何的改變，對於成長中的孩子來說，都是壓力。」一旦您能夠掌握這個大原則之後，那麼您也應該能夠相當準確地，預測寶寶的壓力指數了。

舉凡人生之中生死病痛、婚喪喜慶、相聚離別、送往迎來等大事，以及日常生活中，偏離常態的起居作息、衣食住行行為，對於寶寶來說，全都是改變，也全都是壓力。

因此，家長們如能養成習慣，敏銳地預警到寶寶的不安，早早爲他預備好適當的定心丸，那麼當改變眞正來臨的時候，寶寶已是處於一種「有備無患」的心理狀態，自然較能坦然地承受必須承受的壓力了。假如你即將要搬家、將有短期出國的計畫、家中將有訪客或親友暫住數日、工作時間的調整，甚至於夫妻離異、親人病重，那麼請別忘了要早早對寶寶據實以告，協助他對即將發生的「壓力」，設置一個正確的期望值，幫助他做好「備戰」的計畫和準備！

什麼樣的「作戰計畫」，才是最爲萬無一失和穩操勝算的呢？

我們的建議是以不變應萬變！即使改變已無可避免必定要發生，家長們應該還是要勉力地爲寶寶張羅一份，能夠支撐他度過改變的「穩定」。舉個例子來說，在搬家的過程中，您可細心地將寶寶的常用物品放在一件隨身的行李之中，由寶寶自行保管，讓他可以隨時隨地取得他所想要和需要的物品；如果寶寶每天晚上都要聽您說一個故事才能入睡，那麼在您出差的日子裡，您可以打電話或利用事先預錄的錄音帶來進行每晚「床邊故事」的活動。在家有訪客、親友留宿時，更請家長們不可「重客輕子」，忙得忘了寶寶的存在，無論如何，寶寶的飲食作息，還是應該維持一個大致的常態喔！

逆水行舟，節節後退

親愛的家長們，您知道當成長中的孩子不得不處於生命的壓力之中時，他們最常發生的反應，就是突然之間變回像「小時候」一般的幼稚、不懂事和不成熟嗎？換句話說，您五歲半的寶寶有可能會因爲某種「壓力」的負擔過重，而表現出種種「倒退成長」的惱人行爲。

想想看，近來當您的寶寶十分疲累、十分飢餓，或極端害怕、情緒極度緊繃的時候（例如走失了或是跌破了膝蓋），他的反應是如何？他會不會像是生病了或像一、兩歲的時候一樣，動不動就哭，總是黏在父母身邊，或老是纏著家長爲他做這做那？也許五歲半的寶寶會顯得特別的慢吞吞、懶洋洋和怪里怪氣？不論是讀書、畫圖和玩玩具，寶寶是否也都表現得「笨頭笨腦，笨手笨腳」地呆滯和遲鈍？

一般說來，幼小的兒童會在面對壓力時，自動地放鬆心智與體能方面的「發條」，以便能鼓起全副精力，專心應付眼前的難關。家長們如果能了解寶寶的這一項特點，也就會比較容易包容和耐性地對待寶寶「一反常態、無理取鬧、愈來愈不懂事」的表現。

舉一個在現代社會中常見的情形來說，當一對夫妻因爲工作需要或感情失和而必須分居兩地時，此時不論他們在身心上所承擔的壓力有多大，在情緒上所承受的打擊有多深，都務必要抽出時間，振作精神，在寶寶身上下一些必要的功夫。讓寶寶知道，這整件事並不是他的錯，爸爸媽媽仍然愛他，只是因爲不得已的原因，而必須改變家庭的形態。鼓勵寶寶說出心中的感受，提出所有的疑惑，好讓您能逐一作答與安慰，更重要的是，別忘了要清楚地告訴寶寶，關於他的生活，有哪些部分會發生改變（例如：「以後每天晚上媽媽不會幫寶寶洗澡了！」），而又有哪些部分會維持原樣不改變（例如：「但是媽媽還是會在每個星期天早晨陪寶寶去上鋼琴課。」）。

除此之外，請家長們更要時時記得，成長中的孩子在面臨類似的人生「巨大」變化時，他所需要來自於父母雙方的愛與保證，同樣也會變得非常的「巨大」！請別擔心寶寶所表現出暫時性的成長開倒車，更不要因此而責罰他，《教子有方》期許家長們在這種情形發生的時候，別忘了，要快快搶救孩子的「心」，才能治本也治標地解除孩子在身心發展的「壓力大障礙」。

同理心，同情心

最後一點，親愛的家長們，我們願意再一次提醒您，成長中的寶寶只有五歲半，套一句中國人常說的俗話：「您所過的橋，遠比寶寶走過的路還要長。」因此，有許多時候，會有一些在您眼中看來是微不足道，沒有什麼大不了和芝麻蒜皮般大的小事，卻會是造成寶寶心中莫大壓力的嚴重大事。

譬如說，您也許會認爲：「只不過是拼圖拼不好嘛，有什麼關係呢？」、「今天賣冰淇淋的小販沒有來，明天再吃也是一樣啊？」、「地上的糖果紙原來是爸爸吃糖時掉的，剛剛還以爲是寶寶呢！對不起，媽媽錯怪了寶寶，不必再哭得這麼傷心了吧？」但是，對於寶寶而言，這些挫敗、失望和委屈，全都會像是千斤重擔一般壓在他幼小稚氣的心頭，久久無法消化和排遣啊！

因此，《教子有方》叮嚀家長們，要努力設身處地去了解寶寶的立場和心態，即使您在理智上完全無法苟同，也請您在情感上務必要儘量體恤和包容。知道嗎？唯有如此，你才能夠眞正地認清寶寶的「對手」爲何，也才能夠適切地幫助寶寶正確地扛起他的「心靈包袱」。

想想看，在現實的生活中，是否有許多人，他們在處理重大事件時，表現得冷靜沈著、可圈可點，但是卻絲毫無法處理日常生活中的各種小麻煩？因此，千萬別以爲，如果寶寶只是爲了一丁點的小事而煩惱不已，便不值得您的關懷與協助，身爲家長的您，請務必在每一次寶寶面臨壓力的危機時，不論事件大小全都挺身相助。別忘了，事件的大小並不重要，重要的是寶寶當時的心態爲何，以及寶寶是否能在您的引導與護衛之下，學會成功地化解那股縈繞在心中的壓力。如此，日後當寶寶運籌帷幄、叱咤人生時，才不會因爲擠不出牙膏或是忘了帶原子筆而情緒失控、方寸大亂啊！

親愛的家長們，現在您知道該如何以身作則、以誠相對、防患未然、包容失常並且設身處地地，來爲寶寶建立一個永不累積壓力的亮麗人生了嗎？對於毫無經驗的您來說，這似乎不是那麼容易的一件事，但是請別擔心，只要您能將本文多讀幾遍，並且在實際的生活中多多演練幾遍，相信用不了幾天的時間，您必能成爲訓練寶寶破解壓力的超級大師了！

提醒您！

- 寶寶需要您為他預備「好學生的基本條件」！
- 別忘了多多利用大自然這個美妙的科學實驗室。
- 請時時注意幫助寶寶「減壓」喔！

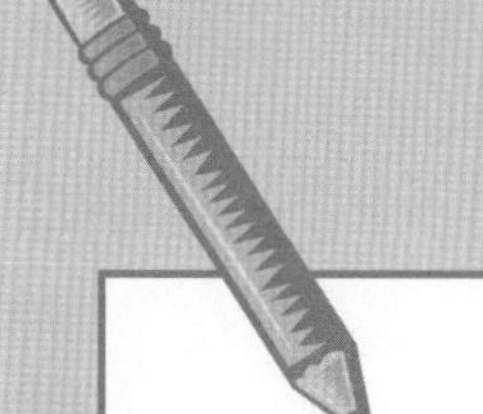

迴響

親愛的《教子有方》：

每一次當我幾乎已經氣得七竅生煙快要抓狂的時候，《教子有方》總是「正好」寄到，讓我明白原來每一個孩子在這個年齡所做的都是同樣的事，一點也不值得我大動肝火。

每一次當我看完了《教子有方》令人忍不住想繼續往下讀的文章，心情總是變得特別的好，謝謝您們一直如此有效的鼓勵我這個個性大而化之、脾氣直截了當的媽媽，讓我能夠有恃無恐地教養兩個寶貝兒子！

謝謝您們！

白漢蓮

美國喬治亞州

第七個月

會做家事的寶寶靠得住

親愛的家長們，不論您的心中是否存有「養兒防老」、「孩子是後半生的依靠」的傳統觀念，教養孩子長成一位信實可靠、負責盡職的「好人」，想來依然是您內心深處最為熱切的願望。

在我們開始討論如何培養寶寶的責任感之前，讓我們先來思考一下，一個人的責任感是從何而來的？您認為責任感是先天具備，還是後天訓練？還是必須二者相輔相成？

正確的答案應該是，責任感是一份百分之一百完全由後天所培養出的人格特質，和每一個人的遺傳基因可以說是絲毫不相關的。一般說來，一個人的責任感不僅全靠學習所得，而且這段學習的過程可能會拖得很長很久，也可能會需要付出一些頗為辛勞，甚至於痛苦的代價。因此，《教子有方》要大力鼓勵有心的家長們，早早著手展開培養寶寶責任感的「長期抗戰」。

幫助成長中的孩子建立責任感的好方法有許多，但是《教子有方》願意在本文中專為家長們仔細說明訓練寶寶做家事的這一項活動，因為我們認為這是一項棒得無與倫比的「教子良方」喔！

家事已成歷史？

生長在二十一世紀中的新新人類，不論是大人還是孩子，對於家事與內務，都有愈做愈少的趨勢。原因有很多，大致說來，忙碌緊湊的生活節拍，再加上日新月益的各式高科技家用電器設備，已使我們擁有充足的理由，來逃避許多千篇一律單調乏味的家事。

對於成長中的孩子來說，他們之所以家事做得比半個世紀之前的孩子們少得許多，一個很主要的原因是，e世代兒童的生活中充滿著太多更有意思的活動，舉凡看電視、玩電動玩具、打電腦等，再再都會占據他們的心思意念和大量的時間。

除此而外，愈來愈多的父母們全職上班，他們每天下班之後回到家中，自己已是筋疲力竭，無心也無力去做任何的家事，更別提還要花費額外的心思、體力和時間來訓練和督導孩子做家事了。在這一類型的父母心中，會自然地傾向於把握住每日短暫且寶貴的相處時間，和寶寶共享「天倫之樂」，也就是說，他們寧願和寶寶一起看看電視，或是逛逛夜市，也不願意浪費時間讓寶寶做家事啊！當然囉，這麼一來，家長們也就不會，也不需要總是在孩子面前，擺出一副「風紀服長」的「醜態」，彷彿永遠都在絮絮叨叨或呼喊叫罵地，盯著寶寶做好屬於他分內的家事。

以上的這些思想模式，雖然是理由充足並且情至義盡，但是家長們也必須時時記得，當一個孩子被排除在家事之外時，他同時也被剝奪了一項發展責任感最有效的機會呀！

家事如同軍令？

有另外一型的家長，作風和上述將家事列爲寶寶生活中「非重點」項目的父母完全相反，他們十分嚴格地要求寶寶整理內務和分擔家事，在這一類型的家庭之中，寶寶必須隨時隨地謹守紀律，分秒不差地完成他所分配到的工作。親愛的家長們，請您猜猜看，在這種強調家事訓練的環境下長大的孩子，是否必定充滿著強烈的責任感？

其實並不然，許多家長們早已學到這一個經驗，那就是硬性將家事分配給寶寶，或是強迫寶寶完成某些特定的工作，不但不能令寶寶主動且神奇地變成一個負責任的孩子，反而經常會弄巧成拙地引發許多親子雙方皆「大不爽」的負面情緒。站在父母的立場，他們所感受到的是對於孩子的失望和美好憧憬的破滅，而倍受委屈的寶寶，則是滿腹的懊惱和滿腔的忿恨！

問題的癥結在於，如果寶寶的發展尚未成熟到足以應付他所需完成的任務，那麼家事對於寶寶所能產生的效果，則必定是弊多於利，並且是吃力不討好的。

首先，無法勝任「家事任務」的寶寶，很快的就會感受到一股龐大和沉重的「無力感」，他會懷疑自己的能力，甚至於開始瞧不起自己。即使是只有五歲半，寶寶也會在心中自忖：「我眞是笨，眞是沒有用，我永遠也沒有辦法把爸爸媽媽要求我做的事做好……」

而父母們的責備：「你這個孩子怎麼總是偷懶賴皮！」、「眞是蠢哪！這麼一件小事，學了這麼久還學不會啊！」、「說好了寶寶每天都要把客廳中的書報整理好，但是客廳裡的書報總是散得到處都是，寶寶你實在是太不負責任了！」往往會正如雪上加霜般，加深寶寶的自責與自認爲無用，久而久之，這些指責也會如預言一般，終有成眞的一日。

這一類型分配家事如同下達軍令一般的家長們，所忽略的一項要點，就是成長中的孩子唯有在一個快樂溫馨的家庭之中，唯有在不需要面臨過高期望的前題之下，方才能夠成功地藉著做家事來培養他的責任心。

家事是生活的必須！

有心的家長們該如何在過與不及之間，拿捏以家事培養寶寶責任感的準則呢？很簡單，您只要很清楚、很明確地讓寶寶明白，整理內務和做家事是生活中不可逃避、必須面對的一部分，不僅寶寶要分擔，家中其他每一個分子也都必須各自做好分內的差事。因此，寶寶做家事絕對不是爲了取悅父母，更不是要減輕父母的工作，而是純粹爲了要盡到他個人對於自身生命的義務罷了。

許多家長們都會信誓旦旦地表示，要求幼小的兒童做家事，不但不會減少父母的負擔，反而會爲家中製造出更多的混亂和需要收拾的殘局。針對於這一項無可否認的事實（沒辦法啊，寶寶眞是只有五歲半呀！），我們爲《教子有方》的讀者們列出了以下十項重點，幫助您藉著建設性的家事分配，早早培養出寶寶的責任感。

知人善任

第一點，也是最重要的一點，請您務必要優先評估寶寶目前所處的發展階段，然後再根據他的能力，將適當並且絕對不會太困難的家事指派給他。

一般說來，五歲半的孩子多半會欣然接受一些他們常常見到大人所做的家事，例如洗碗、擦桌子、澆花和折衣服。此外，以寶寶近來剛發展出的大小肌肉協調技巧，掃地也是一件他能夠勝任愉快的工作。

相反的，類似於切水果、洗刷浴室、使用洗衣機等，則是五歲半的寶寶還不能「爽快地答應」的工作，假如家長們硬性將寶寶尙且做不來，也做不好的家事分派給他，那麼可預期的結果，必然是寶寶的磨磨蹭蹭、拖拖拉拉、笨手笨腳甚至於愈幫愈忙，以及父母的失望、懊惱和火冒三丈。親愛的家長們，請您在指派寶寶家事責任之前，千萬別忘了要「量量寶寶的力」喔！

制度化管理

沒錯，親愛的家長們，不要以爲只是「叫孩子做一點家事嘛！沒什麼大不了的，到時候再說吧！」而總是隨興所至地，一會兒要寶寶拾起地上的碎紙屑，一會兒又喊寶寶擦乾桌上的水漬。別忘了，鼓勵寶寶做家事的目的，絕對不是要爲父母找個「小女佣」或是「勤務兵」，我們的用意，是在培訓寶寶的責任感喲！

因此，請您要運用現代人所講究的制度化管理，來規劃寶寶的家事任務。

家長們不妨先將家中的一些日常家事全部列成一份詳細的清單，剔除其中不適合寶寶的部分，然後由全家的成員輪流負責（例如：「單週寶寶擺碗筷、雙週爸爸擺碗筷。」）或是按照難易由家人各自負責到底（例如：「寶寶折豆芽，媽媽清洗豆芽並且負責烹煮。」又例如：「寶寶將地上的玩具雜物全部移開，爸爸才可以用吸塵器打掃！」等），如此，成長中的寶寶才能眞正地從參與家事的活動之中，迅速地培養出完整且健康的責任感。

主動負責的心態

在分配家事的過程之中，家長們也必須主動且積極地邀請每一位家人參與討論，上自九十歲的老奶奶，下至三歲的小弟弟，都應當有機會選擇屬於自己的家事責任。這麼一來，對於五歲的寶寶而言，在他自告奮勇地「扛下」每天清除陽台上的落葉這件工作之後，他必定也會每天認眞負責地，時刻密切注意陽台上落葉的動態，克盡職守地完成他分內的任務。

親愛的家長們，請別先入爲主地以「男耕女織」或「男粗女細」的觀念，來派定寶寶的工作。藉著自由開放的意見交換與討論，您會發現家中每一位成員所選擇的工作全都不一樣，媽媽不喜歡掃地但是喜歡洗碗，而爸爸不喜歡洗碗卻願意拖地！

同樣的，一個喜歡凡事整齊有序、條理分明的孩子，會自告奮勇地將洗乾淨的碗盤餐具分類歸位。而另外一個精力旺盛、整日蹦蹦跳跳的孩子，也必會一馬當先地搶著去沖洗庭院。瞧！在一個家庭之中，家長們如能以「姜太公釣魚，願者上勾！」的方式來激發寶寶做家事的意願，那麼結果必定是闔家大小多方得利，經常可以皆大歡喜喔！

言教不如身教

當然啦，以身作則，爲寶寶設下活生生的範例，永遠是不二法門！因此，親愛的家長們，請您千萬別忘了「言教不如身教」，從自身開始，養成認眞切實，不推諉也不迴避的理家好習慣，幫助成長中的孩子「有樣學樣地」培養出一份紮實的責任感。

下一次，當您爲了滿室的凌亂而責備寶寶：「怎麼這麼不負責任，自己的玩具玩過了之後，爲什麼不立刻收好呢？」並且吆喝寶寶：「快快快，現在立刻把地上的玩具全部歸回原位！」時，請您不妨改變策略，試著和寶寶站在同一陣線：「寶寶你看，你的玩具滿地都是，爸爸的報紙和信件滿桌子都是，眞是使人不舒服！來，我們一起來收拾，爸爸整理桌子，寶寶收拾玩具，好嗎？」這麼一來，保證您所收到的效果，會比過去以「威迫恐嚇」和「大呼小叫」來命令寶寶做家事要好得多多喔！

伺機伸出援手

有許多家長們會在指派了孩子家事工作之後，就抱著一種「無事一身輕」的態度，任由寶寶「自生自滅」，不聞也不問地只等著驗收成果。我們願意由衷地提醒您，這是一種十分要不得的心態，尤其是對於成長中的兒童來說，做家事充其量只能算是一種學習，家長們絕對還不到「功成身退」的時候。

五歲半的寶寶在任何的一種學習過程中，都需要父母們隨時隨地的指引與支持，學習負責做家事也不例外！別忘了，要爲寶寶清楚地示範與解說，給予他動手和練習的機會，並且在寶寶「觸礁」的時候即時伸出援手，助他一臂之力，帶領他脫離困境。如此，寶寶才能時時保有旺盛的學習心和想要做得更好的上進心。親愛的家長們，請別忘了這個重要的訣竅喔！

適時提醒

幼小的兒童能夠持續不斷的專心時間並不長，因此，他們會比成人們更加容易分心和受到干擾，所以，家長們的任務即是爲寶寶提供一些適時適宜的提醒，幫助孩子將心神「轉回正道」，繼續完成他的家事工作。類似的提醒，往往會需要家長們發揮大量的愛心，以無比的耐性，一而再、再而三、三而四地重複進行，以彌補寶寶不足的「專心期」（attention span）。

在此我們願意爲家長們指出，最佳的提醒，必須以問句的方式來進行，譬如說：「寶寶，我們要開飯了，你現在應該做什麼事啊？」、「還記不記得媽媽教過你，喝完了牛奶，杯子該怎麼辦呢？」等問題，都會比叱責和謾罵（如：「快點去拿筷子和碗盤，動作這麼慢，大家都在等你！」和「每回喝完牛奶都不記得把杯子放到廚房水槽中，眞是懶！」）要來得妥當並且有效呢！

變換工作的內容

成長中的兒童喜歡多采多姿、富於變化的生活，因此，大部分五歲半的孩子，都不會喜歡周而復始地做同一件工作，假如您打算指派寶寶每天負責爲小狗的水瓶添水，那麼我們猜想用不了多久的時日，寶寶必然會因心生煩膩，而開始疏漏職守。

請您別忘了要每過一段時間，即改變寶寶的任務（例如一週爲小狗添水，一週餵魚，一週餵鳥，再一週澆花……），或是讓寶寶以不同的方式來進行相同的工作（例如第一週爲小狗在水瓶中添水、第二週則改換爲小水盤、第三週爲水桶、第四週則用空的牛奶盒……）如此，才能翻新學習的內容，維持寶寶的新鮮感和學習的動機。

獎勵讚美不嫌多

不只是成長中的孩子，對於大人而言也是一樣，獎勵和讚美可以讓一個人感到自己很能幹，很不錯，並且因而大大地增強內心深處的自信心（self-esteem）。

在此我們願意幫助家長們認清一個經常被忽略的重點，那就是五歲寶寶對於每一件事情的評分標準，完全不同於成人的標準，在他眼中看來是「大大地了不得」的「偉大成就」（例如：「瞧，我自己倒了一杯水」），很可能在父母眼中不但沒有什麼了不起，反而還是一件麻煩事呢（例如「天哪！寶寶倒了一杯水，灑得滿桌子、滿地和滿身全都是水！」）！

親愛的家長們，當您有了這一層了解之後，請您試著先不要對寶寶抱持過高的期望，假如您仍然無法口是心非、虛情假意地褒揚寶寶「實在不怎麼樣」的表現，那麼何不改成誇讚寶寶的努力呢？（例如：「哇！寶寶很小心，很仔細，慢慢地倒了一杯水，認眞得很喲！」）試試看，在訓練寶寶做家事，爲他培養責任感的過程中，您能否只問寶寶的耕耘，而不冀望任何的收穫呢？

化家事爲趣事

身爲家長的您還有另外一項重要的任務，那就是您務必要想盡方法，使家事在寶寶心中所留下全都是溫馨和甜美的印象，如此，積極與健康的學習才會發生。

因此，請您要勉力戒除一切的批評，對於寶寶做得尙且不完美的部分，您一定要學會並且要做到「百分之百」的「不動聲色」，讓寶寶有足夠的機會，在沒有任何的責難下自由地練習和進步。而在您必須出馬爲寶寶糾正或修飾時，也請別忘了要在語氣之中，大量添加鼓勵和支持的話語，舉凡：「不對，不對，橡皮擦不是收在這兒！」、「錯、錯、錯，胡椒粉怎麼能加在甜豆漿裡呢？」等否定和批判性的指責，都請您要將之修改爲：「寶寶，讓媽媽告訴你橡皮擦要收在哪兒，好嗎？」和「瞧，胡椒粉要加在鹹豆漿裡才好吃，甜豆漿裡要加白糖才好吃！」等對事不對人的教導和指引。親愛的家長們，我們建議您要多多練習這一點，以免在「緊要關頭」時衝口而出的，又是一串引人不悅的責罵喔！

建立家事團隊精神

幼小的兒童大多不喜歡「單槍匹馬」獨自完成家事任務，因此，家長們不妨考慮動員全體家人，分工合作，同心協力，聯手來完成家中一應大小「非做不可」的事，讓寶寶深深感受到他是團隊中不可或缺的一員。

有心的家長們還可以在全體「隊員」完工之後，來個「成果展示」，讓寶寶能有機會得到全家人的讚許，同時也可學習稱讚他人的努力和成果。這麼一來，您不僅能夠達到幫助並鼓勵寶寶做家事的目的，還可使全家人因此更爲團結，更加地緊緊凝聚在一起。

總結本文，做家事是生命成長過程中不可或缺的重要經驗，家長們不僅應該懂得如何根據寶寶的能力來指派合適不過分的家事，對於結果不抱過高的期望，還必須做到明知寶寶做得不夠好，但仍能大聲讚美的地步。久而久之，您的寶寶將成長為一位信實可靠、負責盡職的超級新新人類，親愛的家長們，您目前所付出的心血與努力，將會得到百倍的回收喔！

溝通路障

在父母與子女的溝通管道之中，存在著許多有形與無形的阻擋和障礙，這些路障十分不容易避免，但是只要稍加用心，想要躲閃也不是那麼的困難。以下我們為家長們列出親子溝通的十大路障，幫助您自我省察與子女之間的溝通模式，為建立成功的溝通管道，鋪設一個良好的基礎。

- 過分誇張：「我從來沒有見過這麼離譜的事！」
- 以批評取代建議：「你今天在玩具店的表現很差，很不好！」
- 不著邊際的指責：「你是一個壞孩子！」
- 暗示不良動機：「我知道你一定是不想喝牛奶，所以故意打翻牛奶！對不對？」
- 輕視貶抑：「眞是笨啊，這麼大了還不會自己穿襪子！」
- 妄加斷語：「這個孩子的問題就是太小心眼了！」
- 尖酸諷刺：「你乾脆拿一把刀殺了我算了！」
- 一竿子打翻一船人：「說謊騙人，怎麼和你爸爸一模一樣！」
- 自鳴得意：「你看吧！我早就告訴你熱的湯不能摸，燙到了手，活該！」

- 言不由衷：「這件事情你做得還不錯，但是⋯⋯」

親愛的家長們，以上這十大溝通路障您是否曾經不自覺地使用過？又是否已成爲習慣，成爲親子之間固定的溝通模式？請您從現在開始，立即將之束之高閣，拒絕繼續使用，努力消除一切的溝通路障，以降低親子交通的肇事率。

空間中的視覺能力

本月我們爲您所介紹的親子活動，既好玩又簡單，還可以增進寶寶在三度空間中的視覺能力，家長們不妨抽出一些時間，帶著寶寶一起試試看。

1. 利用一張透明的蠟紙，讓寶寶用手指頭或胖鉛筆描出一些垂直的、水平的、對角的和彎曲的線條。一些簡單的圖形請參考下圖所示：

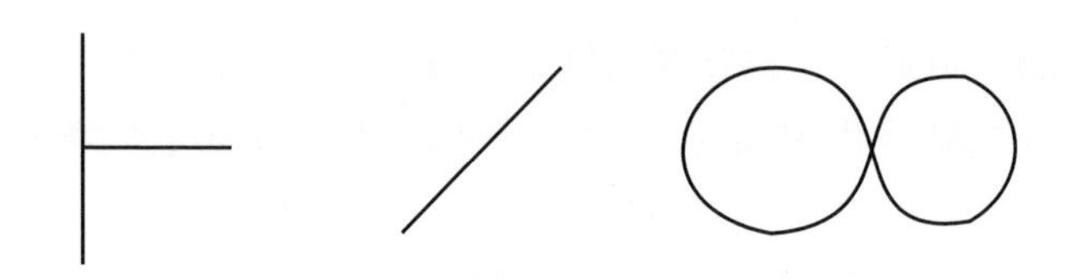

2. 利用色紙剪出一些幾何圖形，讓寶寶試試辨認一些簡單的順序，並且「複製」出更多的組合。

形狀的組合：

空間的組合：

3. 請家中的每一位成員，用簽字筆在紙上寫出各式各樣（工整的、潦草的、棣書、楷書⋯⋯等）寶寶的名字，讓寶寶試著認認看。

王大中　王大中　王大中　王大中　王大中

4. 用鉛筆在紙上寫出一些大大的方塊字和阿拉伯數字，讓寶寶用一枝蠟筆或鉛筆描出這些字形！

1　2　3　4　5　6　7　8　9　0
人　上　下　大　中　小　山

5. 試試看，寶寶能不能漸漸地在空白的紙上寫出自己的名字？

摩拳擦掌學數學

五歲半的寶寶懂得多少數學？他數數能數到多少？五？十？二十？還是更多？一般說來，這個年紀的兒童大概可以數到十和十五之間，但是這並不表示他們已能了解這些數字所代表的意義。就好像是一個不懂得英語文法與字彙的人，他也許可以認得ABCD二十六個字母，但是他卻無法了解一篇文章的涵義。

根據兒童發展學家的分析，成長中的兒童在七歲之前，多半還無法對於數學的概念產生完全的認知和透澈的了解，之所以如此，原因在於他們的大腦還沒有接受抽象知識的能力。

因此，親愛的家長們，想要幫助五歲半的寶寶充分做好學數學的準備，最好的方式，就是藉著日常生活中各種簡單但是具體的數學經驗，將一些重要的基本觀念灌輸到寶寶的腦海中。

請別以爲數學這門學問只屬於嚴肅的課堂上，只存在於生澀的教科書中，數學其實是一門非常實際、非常生活化的知識，知道嗎？我們每天必須要做的穿衣服、擺設餐具等基本的工作，全都是數學呢！

舉例來說，生活中經常發生的配對活動（一隻腳穿一隻襪子，三個人吃飯需要排放三個碗），即代表著我們對於數學中的「一對一相稱性」（one-to-one correspondence）已有完全的了解，並已能靈活地運用。以下我們爲家長們歸納整理出六項重要的規則，並且列舉許多實際的活動，幫助您帶領目前喜歡實際數學概念的寶寶，爲日後眞正的抽象或數學學習，打下穩固的根基。

鼓勵寶寶清點實物

在此我們希望家長們，不必太過強調空洞死記的數數，但要多多帶領寶寶數數生活之中的各種實物。任何時間、任何地點、任何物品，您都可以和寶寶一起來數數看。

比方說，在超級市場排隊結賬時，您可以領著寶寶數數有多少人排在您們之前？購物車中有幾瓶果汁？超市中有多少個孩子？大門兩旁的窗子上總共貼了幾張廣告？走道旁的小吃攤擺了幾張椅子？大致說來，幾乎每一個四歲的孩子都可以正確地從一數到五，而大多數五歲的孩子也已能毫無困難地清點至少五樣物品，家長們可以明顯地看出，當寶寶數到了某一個數字之後，他就會開始「小和尚唸經」般有口無心地唸著一些數字，但是左數右數，也無法數清面前的實物，這表示眼前物體的總數已超過了寶寶的清點實力。

要幫助寶寶突破這個瓶頸，一點兒也不難！您只要能利用一些他可以看得到，同時也摸得到的物體（例如鉛筆、橘子、玩具火車……等），讓寶寶在您的協助之下，邊摸邊指也邊數，如此反覆多練習幾次，用不了多久的時間，您即會發現寶寶清點實物的「最大數」，已在不知不覺中迅速地增加囉！

訓練寶寶目測數目

試試看，您的寶寶能不能一眼即看出：「這是一支雨傘」、「兩隻大白鵝」、「三朵小紅花」……？當然囉，五歲半寶寶的目測上限大約是在三到五之間，所以也請家長們千萬不可期望寶寶估算出比五更多的實物。

伸出三隻手指頭，問問寶寶：「這是幾隻手指頭啊？」

利用一個洋娃娃，問寶寶：「洋娃娃有幾張嘴？幾隻耳朵？幾條辮子？」然後再請寶寶真正地數數看。

多多運用數學名詞

在日常生活中，您可以多多將各種數字以及有關於大小、容量和體積的字彙片詞，添加在和寶寶的對話之中，舉凡「一半」、「大的」、「再多一點兒」等的字眼，您不但自己可以多用，還可以故意設計一些問題，讓寶寶在回答的時候，也不得不使用！

吃飯的時候，問問寶寶：「湯要喝*一點點*還是*很多*？」、「青菜要比媽媽的*多*嗎？」、「白飯要*半碗*還是*一碗*？」

吃水果的時候，將一個蘋果平均切成兩半，對寶寶說：「瞧，這個蘋果*一半*給寶寶吃，*一半*給奶奶吃。」再將蘋果切成許多小塊，問寶寶：「你今天想吃*幾塊*蘋果啊？」、「吃*大塊*的？還是*小塊*的？」

當寶寶跟在您身旁打轉、無所事事的時候，您不妨請寶寶：

「幫爸爸把這*三本*書放回書架上*最空*的一層！」、「天暗了，再*多*開幾盞燈！」、「慢慢在蘭花盆中加*一點點*的水！」

放三堆一元的銅板在寶寶面前，一堆是一個，一堆是三個，另一堆是六個，告訴寶寶：「嘿，寶寶你可以從這三堆銅板中挑選一堆去買菜，告訴爸爸，你要選*哪*一堆？」、「哪一堆錢可以買到*最多*的菜呢？」、「這一堆錢會比那一堆錢*多買*一些菜嗎？」、「寶寶可以用這三堆錢買到*一樣多*的菜嗎？」

找一張寶寶和一群人的合照，問寶寶：「這張相片裡，誰*最矮*呀？」、「誰最*老*？」、「誰比寶寶還要*小*？」、「誰和寶寶*一樣高*呢？」

容許寶寶在廚房中做您的副手。示範給寶寶看如何量出*一匙*糖、*半杯*麵粉、*三碗*清水……等。然後，您可為寶寶準備一小筒的豆子（紅豆、綠豆、黃豆皆可）或米，一套測量匙和測量杯，任寶寶自己去體驗一番。

教導寶寶容量的大小

親愛的家長們，請您仔細想一想，在您的周圍，是否有很多人無法正確地估計出一個容器的容量？在您自身的經驗之中，又有多少次您曾經錯拿一個小碗想要盛裝太多的湯？而又有多少次你用了一個過大的容器，結果只裝了一點點兒的剩菜？對於各種不同形狀和不同尺寸的容器，您是否總是能夠第一次就八九不離十地估計出正確的容量？

要能成功地完成以上這些任務，所需的是對於數學觀念之中，容積（杯子的大小）與數量（果汁的多少）關係正確與深刻的認知。這種能力並不是與生所俱，而是完全取決於後天的學習和訓練！

找幾個容量相同，但是形狀不同的容器（例如同樣是五百CC容量的馬克杯、空牛奶盒和湯碗），先問問寶寶：「猜猜看，馬克杯、牛奶盒和湯碗哪一個最大，可以裝最多的水？」然後給寶寶一些豆子或米粒，讓他先盛滿一個容器，再小心地倒入其他的容器之中。多給寶寶一些時間讓他自己嘗試和練習，最後您可問寶寶：「馬克杯中的紅豆如果倒進牛奶盒中，會不會滿出來呢？」

您還可以將以上這種容器盛物，倒空轉移的活動，更進一步地加以變化。利用家庭中各式各樣的容器，讓寶寶測量食鹽、麵粉和清水的總量，此外，您也可以利用樂高積木或彈珠之類，大小一致的單位物體，先讓寶寶用不同的容器裝裝看，再在您的協助下數數看一共裝了多少個，以此來比較不同容器的容量大小。

當您需要預先估計容量時，請別忘了要邀請寶寶一同參與這個有趣的猜猜看活動！「飯桌上吃不完的炸醬麵該收在哪一個盒子中呢？寶寶你能不能幫媽媽想想看？」、「我們需要一個小袋子來裝桌上這些零食，寶寶可不可以幫忙找一找？不要太大，也不能太小喔！」、「哇！買了這麼多瓶果汁，冰箱的哪一層架子放得下呢？寶寶來試試看好嗎？」

練習比較大小

這是一件在日常生活中隨處可取材的訓練，家長們只要稍微留心，必能變化出更多活潑和生動的體積比較。

洗衣服的時候，將寶寶帶在一旁，問問他：「寶寶知不知道誰的衣服比較*大*啊？是爸爸的*大*？還是寶寶的*大*？」、「來，媽媽想請寶寶幫個忙，把*大*的毛巾全放在床上，媽媽來折，把*小*的毛巾收進抽屜中好嗎？」、「嗯！寶寶可不可以幫媽媽把*小*手帕全都找出來呢？」

上超市買東西時，您也可以請寶寶：「把*大*瓶的果醬放進購物車中」、「幫媽媽挑一瓶*小*瓶的麻油！」

購物返家後，請寶寶幫忙將一些物品放入定位，同時也鼓勵寶寶預測一下：「咦！今天買的餅乾比較*大*盒，寶寶來幫爸爸看看，我們放餅乾的櫃子會不會太*小*？」、「瞧！剛剛好，這些葡萄*不多*也*不少*，正好裝滿水果盤！」

假如您的寶寶已能自己收拾玩具，那麼您現在可以更進一步地要求寶寶：「這些小汽車，*最小*的放在左邊，*愈大的*愈向右放，*最大的*放在最右邊。」、「*大的*玩具熊放在架子上，*小的*玩具熊可以放在衣櫃上！」

漸漸的，以*長*和*短*、*厚*與*薄*、*輕*與*重*等字彙來取代*大*和*小*，您可以不著痕跡地對寶寶說：「下雨天媽媽撐*大*傘，寶寶撐*小*傘，媽媽的傘比較*長*，寶寶的傘比較*短*！」、「哇，這本*大*電話簿眞是*厚*，這麼*重*，寶寶拿不動喲！」

練習比較多少

在數學中，數字所代表的意義即是數量的多寡，因此，我們希望寶寶能藉著物體多與少的比較，發展出對於數字的正確觀念。

一般說來，成長中的兒童會先學會*一個*和*很多個*，以及*很小量*與*很大量*之間的差別，若持之以恆的練習，五歲半的寶寶將能正確地由少漸多，或是由多漸少地比較出各種不同的「量」，這也是眞正的數字觀念中最爲根本的一個核心認知。

爲寶寶準備一小包葡萄乾，先分成大、小兩堆，問問寶寶：「這兩堆葡萄乾哪一堆比較*多*？那一堆比較*少*呢？」將大堆中的葡萄乾挪一些到小堆中，再請寶寶比比看孰多孰少。

接下來，請您將小堆的葡萄乾一字排開或一條直線，保持大堆的葡萄乾爲原樣，現在再問問寶寶何者多，何者少。

很多五歲半的寶寶會在此時「錯亂」地指著「一*大*排」的葡萄乾說：「這一排比較多！」而認爲「那一*小*堆比較少！」親愛的家長們，請您先別擔心，這是一種完全正常的表現。問題出在寶寶目前的理解與思考，完全是由視覺的感受所操縱著，如果他「覺得」他所「看到的」物體比較多，那麼他就會認定「這的確是比較多」！

家長們在此時必須主動肩負起這項帶領寶寶走出迷思的任務，帶領寶寶切實地數一數：「來，寶寶，我們一起數數看，這一大排葡萄乾有幾顆？一、二、三……八，總共八顆。」「現在我們再數數這一小堆葡萄乾，一、二、三……八、九、十……十五，哇！總共十五顆！」「喔，原來這一大排葡萄乾比較少，是這一小堆比較多哪！眞有意思，對不對？」

要能夠擁有這一種成熟的數量觀念，沒有任何一條其他的途徑，成長中的寶寶唯有經過不斷的練習，不斷的體認，才能逐漸地心領神會：「嗯，我懂了，原來數量的多少，是不會因爲外在形狀的不同而有所改變的呀！」

親愛的家長們，在您讀完本文之後，想必您已能舉一反三地在生活中利用更多的實例，來爲寶寶灌輸鮮活正確、印象深刻的數量觀念。要知道，如果想爲寶寶日後成功學習數學紮下深厚的基礎，以應付作業、習題、死板的記憶和單調的演算，那麼生活中有趣又有效的實際體認，是絕對有必要的喔！

眼前您爲寶寶所養成，對於數字和質量正確的觀念和濃厚的興趣，將是寶寶在未來一生中受用無窮的寶貴財產。親愛的家長們，請您現在就開始，每天帶著寶寶數數這兒，比比那兒，把握住每一個可能的機會，培養寶寶的數學「金頭腦」喔！

提醒您！

- ❖ 就從今天開始分派寶寶家事的任務。
- ❖ 快快清除您和寶寶之間的溝通路障。
- ❖ 帶著寶寶多玩玩生活中的數量遊戲，請您務必要盡興喔！

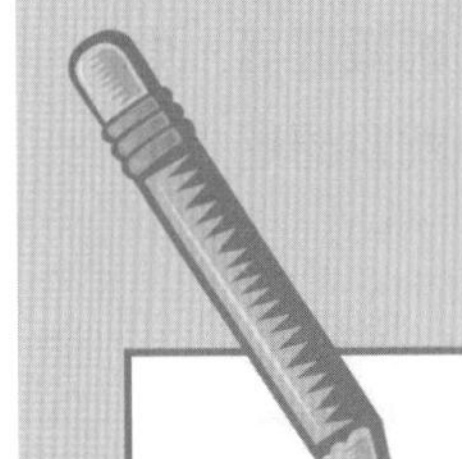

迴　響

親愛的《教子有方》：

本人是一位公共衛生護士，忙碌的工作再加上家中的大小瑣事，每天實在是抽不出閱讀的時間，然而《教子有方》淺顯易讀的文字，深刻的內容和單元性的安排，卻成為我在小女成長過程中唯一的參考書。

因為讀了《教子有方》，我教養小女的方式發生了改變，相信小女未來的一生也因而受益匪淺！我不遺餘力地將這份發人省思的刊物介紹給每一位親友和受訪病患，也在此向每一位為人父母者推薦這份優秀難得的好創作。

謝謝您，真的謝謝您！

阮金寅

美國佛羅里達州

第八個月

儼然一個小大人

曾幾何時，您的寶寶長大了，從「小」寶到「大」寶之間，彷彿只是一轉眼，站在您面前這位「人模人樣」的孩子，居然就是不久之前還在喝奶瓶、包尿布的那個小娃子！親愛的家長們，您也和天下每一位父母一般，感嘆時光流逝飛快，追趕不上孩子成長的速度嗎？

別怕，現在就讓我們一起來抓緊歲月的腳步，一起來剖析寶寶目前所處的成長階段，瞧瞧屬於五歲八個月大的孩子的共同特色。

活在當下

快要六歲的寶寶最大的特徵，就是他們喜歡活在當下！凡是「現在」和「眼前」所發生的事，都會引起他們極端濃厚的興趣。他們所提出的問題通常都是直截了當，並且在不得到滿意的答案之前，絕對不會放棄。您近來必定時常會聽到寶寶不停地問：「電扇爲什麼會轉？」、「爲什麼天上有這麼多的星星，卻只有一個月亮？」、「爲什麼小貓身上有兩種不同顏色的毛？」……，成長中的寶寶，正鍥而不捨地在尋求這個眞實世界中每一項人、事和物的「前因後果」哪！

寶寶好學求知的程度，強烈到連大部分的玩耍活動，也都是爲了自我提供新的知識和閱歷。最明顯的例子，就是寶寶現在玩的「扮家家酒」內容，已是十分眞實地在反射人生的百態，較之於幾年前各種神話和科幻的情節，也是明顯地大不相同了。

總而言之，五歲半的寶寶非常的腳踏實地，他不空談，也不妄想，但會專注與執著地，研究每一樣發生在生活中的大小事，對於學習，他可是一點兒也不含糊喔！

寫實人生

正是因爲上述實事求是的「脾氣」，五歲八個月大的寶寶目前也喜歡製造「有用的」物品，在日常生活的每一項活動中，寶寶希望所有的收穫和成果不但全都要能看得見、摸得到，同時還必須是實用的。

家長們可以很容易地就看出，寶寶目前的創作傾向，不論是搭積木、堆沙、玩水和陶土，只要經過寶寶一雙小手的加工，所完成的作品必定全都是生活中的實物（例如鐵軌、高樓、山洞、水族館、花瓶和碗盤等）。

除此之外，舉凡剪紙、繪畫甚至於模仿，寶寶的表現也必然是大大方方、繪形繪影的「寫實派」。

能高也能低

寶寶目前所擁有的大肌肉活動能力（gross motor skills），也已成熟到足以讓他進行許多「騰空離地」的活動了！舉凡攀爬繩梯、踩高蹺、吊單槓、盪秋千等，對於寶寶來說，已全都不是難事了。

地面上的活動，包括了騎腳踏車和溜滑板車，寶寶也都已能勝任得十分愉快。

大致說來，五歲八個月大的寶寶在體能方面，可說是十八般武藝樣樣皆可「上手」，雖然稱不上是十分精通，但也算是十分的神勇了。

舞文也弄墨

您的寶寶是否亦能「很有氣質」地畫畫圖、寫寫字、剪貼、折紙、穿鞋帶和扣鈕釦呢？這些雙手靈巧萬能的表現，全都可以歸功於近來已漸漸趨於成熟的小肌肉活動能力（fine motor skills）！再一次，家長們可以從寶寶小肌肉所主導的活動中，看到他「以實用掛帥」的明顯特性，因爲大部分寶寶所「製造」出來的成品，都和實際的生活有著直接的關聯啊！

至於「手順」的傾向，大部分五歲多的孩子都已清楚地確認了自己是右撇子還是左撇子，但是也有少數的孩子，仍然會繼續雙手混用、左右手輪翻上陣。

除此而外，寶寶的小肌肉活動能力也會使他變得十分的「坐不住」。也就是說，假如寶寶必須長時間坐在一張椅子上，那麼他渾身上下的每一塊小肌肉，都會開始忍不住地扭來扭去，東抓西扯和擠眉弄眼。

親愛的家長們，建議您不妨找一個機會舒服地坐下，靜靜地觀賞寶寶的「小肌肉超級秀」，保證您會看得目不暇給，直呼過癮喲！

擁抱人生

熱愛生命的寶寶除了正在快速地累積重要的自我意識和自信心，他也喜歡與人交往、參與人群，和體驗團體的互動。因此，寶寶會在生活中模仿心目中「偶像」的言行舉止與應對進退。

毫無例外地，五歲多的孩子個個都喜歡看電視，尤其愛看電視廣告，他們還會想要擁有廣告中的每一項有趣的商品。

對於家庭的向心力和忠誠度，五歲八個月的寶寶多半可以居於全家之冠！他喜歡跟在家人身後找機會幫忙，「插手」參與家中各式各樣的活動（例如洗碗、收報紙、貼郵票、接聽電話等），十分有趣的一點，是寶寶目前的心態將是「對人不對事」，也就是他會先挑選一位他最心儀和喜愛的家人，然後「不問青紅皀白」地參與此人所從事的每一項活動。

外出旅遊更是寶寶熱衷參與的「人生大事」，身爲家長的您，不妨多多安排一些近程和遠程的旅遊，優先考慮寶寶所感興趣的地點，舉凡警察局、消防隊、養雞場、果園、火車站、飛機場等，全都會是令寶寶久久難忘的深刻人生體驗。

最後我們還想提醒家長們，熱愛人生的寶寶雖然喜歡接近人群，但是他成長中的情感，卻是仍然十分的易感和脆弱，只要您稍加細心的留意，必定會發現到，寶寶近來不僅僅非常高興得到別人的誇獎和稱許，更會主動地邀功和討賞。相對的，一切的批評和指責，即使是寶寶「罪有應得」，也都會嚴重地傷害和蹂躪他小小的心靈。因此，有心的家長們必須勉力做到明智的獎懲，才能真正保有並維護寶寶對於「人們」的熱愛之情。

潛心好學

剛剛踏入校園不久的寶寶是十分好學的！您的寶寶想必也已經開始對於方塊字、阿拉伯數字、簡單的方塊字、注音符號和英文字母等，產生了相當令人刮目相看的濃厚興趣。家中凡是印有這些文字圖形的物體，包括了時鐘、月曆、商品的包裝等，寶寶銳利的視線是絕對不會放過的。

寶寶應該也已能夠粗略地在一張紙上寫出自己的名字，並且有模有樣地畫出一些簡單的圖形。五歲半的寶寶雖然仍在努力發展他的手眼協調能力，但是他會非常慎重和認真地，臨摹各種不同的文字和圖形。親愛的家長們，寶寶這份力爭上游的決心，請您千萬別忘了要多多地給予肯定和鼓勵喔！

總結本文，五歲八個月大的寶寶不論是在心智、體能和社交方面的發展，都已交出了漂亮的成績單，漸漸的，您會發現寶寶愈看愈像是個「大小孩」，愈來愈能幹，也愈來愈懂事。親愛的家長們，恭喜您，寶寶長大囉！

小小綠手指

想不想爲寶寶介紹大自然的神奇美妙？現在正是一個大好的時機！就從一粒種子開始，讓我們一起帶著寶寶來見試一番他「小小綠手指」的魔力！

教材

一個不透水材質（例如保力龍）的蛋盒，一些細砂石，一些土壤和一些種子。

綠手指的功課

第一步：先在蛋盒的每一個蛋格中添加少量的細砂石。

第二步：將土壤加滿蛋格的四分之三，再分別加一點點的水。

第三步：請寶寶用他的「小小綠手指」，在每一個蛋格的土壤上輕輕地按出一個小凹洞，在其中放一粒種子。

第四步：用土壤將凹洞覆蓋平整，再輕輕地灑一些水。

第五步：將蛋盒放在一個陽光充足的窗枱上！

第六步：隨時檢查土壤的濕度，摸起來乾乾的時候即再加一些水。

第七步：靜心等待種子的生長，驗收「小小綠手指」的功力。

當寶寶將您惹毛的時候

當寶寶的行爲離譜到令您氣得要抓狂的時候，您是如何處理心中的怒火呢？您會罵人、打人、離家出走還是沉默不語？根據統計，大多數的父母們在氣頭上最常做的一件事，就是對孩子強加各式的「刑罰」，而這些刑罰，不僅會讓孩子難以接受，所造成的後果，更加不是父母們所樂於見到的。

舉例來說，一位已經氣得失去思考能力的母親可能會衝口而出：「太過分了，寶寶你怎麼動手打人，從現在開始你回到自己的房間去，三天不許出來！」、「滾出去，你這個忤逆的孩子，我永遠不要再見到你！」和「我不是你的媽媽，偷東西的人不是我的孩子！」等重話，雖然此時說者並無如此眞意，但是諸如此類的狠話一旦說出口，所造成的結果，必然是孩子心中的疑惑不安，和大人心中騎虎難下的無限悔恨。對於大局，不但毫無幫助，反而還會把事情愈弄愈糟，終至一發不可收拾的痛苦地步。

人非聖賢，誰能不生氣？

親愛的家長們，我們必須先認清一個事實，凡是人皆會生氣，即使是再有修養、脾氣再好的父母，也會有大爲光火的時候，也會說出一些並做出一些損人不利己，令自己事後痛悔不已的「氣話」和「氣事」！

孩子雖然是自己的一塊心頭肉，是一生中的最愛，但是孩子們是十分容易引人發怒的。他們經常不按牌理出牌，幼稚的心智再加上旺盛的精力，是引爆父母怒火的最佳組合。很多時候，瀕臨發飆邊緣的父母不禁會懷疑：「這個孩子是不是故意的？他是不是眞的想氣死我？」

的確，當親子關係走進「仇家對決」、「非爭個你死我活不罷休」的緊張死胡同中時，即使是聖人，恐怕也過不了「發飆」這一關。

那麼，生氣既然難免，一旦怒火中燒，怒氣衝天時，身爲家長又愛子心切的您，該如何帶領自己和寶寶從這場「親情殺戮事件」中全身而退呢？《教子有方》建議您採用以下所列的三大

「爭戰規則」，親愛的家長們，請您務必仔細詳讀，勤於演練，以免事情眞正發生的時候，讓親子雙方都在情緒的「槍林彈雨」中負傷累累，留下難以復原，甚至於永遠不會復原的身心創痛！

對事不對人

首先，請您要學會在生氣的時候，以理智超越情緒，不斷地對自己洗腦，「我現在所生氣的，是寶寶打破水晶花瓶的這件事，絕對不是生氣寶寶這個人！」、「我滿肚子的不爽，是來自於方才寶寶在玩具店中的惡劣表現，我並沒憎恨寶寶，也沒有厭惡寶寶，我只是不高興他的行爲！」懂了嗎？我們希望家長們能夠學會將「寶寶這個人」和「寶寶所做的事，所說的話」分別看成是兩碼子事。

這麼一來，不僅親子之間緊繃的對峙狀態會因而立刻被化解，家長們也會比較能夠心平氣和地爲寶寶指出問題的所在，讓孩子知道到底爸爸媽媽爲什麼會生氣。由此，寶寶也比較容易「對症下藥」地修改他自己的言行舉止，避免雷同的情形繼續發生，以達到「在錯誤中成長」的理想境界。

動口不動手

其次，我們希望家長們能夠學會以言語，而不是行爲，來反應和發洩自己的憤怒。

我們相信每一位爲人父母者，在某些特別嚴重的情形之下，都會有想要「好好修理」寶寶一頓的衝動，這是人之常情，不足爲奇！但是我們所要強調的重點是，動手痛打寶寶一頓所能達到的唯一效果，就是一洩父母心頭之火，對於幫助寶寶「改邪歸正」，不但產生不了太大的作用，反而還有極大的可能會造成殺傷力超強的副作用。

要知道，當父母們「以大壓小」動手打小孩的時候，也是眞眞正正造成孩子身心傷害危險性最高的時候，如果您的目的是想讓孩子學會自我控制不做錯事，那麼您在盛怒之中失控的表現，是絕對無法收到任何成效的。

在許多虐待兒童的事件中，當父母或是任何照顧寶寶的大人，進入一種極端憤怒的情緒中時，他們自以爲所演出的「全武行」是爲了管教孩子，讓孩子變得更好，但卻已嚴重地、甚至於永遠地戕害了孩子的身心。

根據分析，大部分會在憤怒之中對孩子「拳腳相向」、「動手動腳」的父母，在他們自己的成長過程中，也多有「被狠狠地修理」的經驗。因此，爲了避免「暴暴相傳」，他日寶寶也以「酷刑」來伺候您的孫子，那麼親愛的家長們，請對自我做一個眞誠的期許，就讓這個「惡習」因您而中止吧！

《教子有方》的建議是，永遠，永遠，永遠，永遠，都不要動手打孩子！

以退爲進

那麼盛怒之中的您應該如何是好呢？

很簡單，也很重要，在親子之間情勢一觸即發的緊要關頭，雙方最需要的就是一些「降溫」的時間和空間。因此，最好的方式，就是父母先暫時收兵，找一個可以安靜理清思緒的地方重整腳步，同時，還可以命令孩子暫時回到自己的小房間不准出來，讓寶寶也可以擁有一些冷靜思考的機會。

然後，您可以重新再出發，試試看，能不能「不動一兵一卒」全憑「智取」，就將寶寶惹您生氣的原因，漂亮地擺平？

親愛的家長們，藉著這篇短文，《教子有方》深深地祝福您與您的子女，能夠一次比一次更加成功地，解除如海嘯、火山般駭人的情緒警報，使親子雙方都能在「身體髮膚免於毀傷」的祥和氣氛中，快樂而有自信地成長與進步，加油！

培養手與眼的默契

本月我們建議家長們把握住寶寶現階段發展的程度，帶領寶寶多多從事一些能夠提升視覺與大小肌肉協調能力（visual inotor coocdination）的親子遊戲，請您不妨就從以下的活動開始逐一進行。

1. 請寶寶利用各式各樣不同的畫筆（例如蠟筆、鉛筆、水彩筆，甚至於小小手指頭）和不同的材料（例如紙張、黏土、麵團等），隨意地勾劃、塗寫和捏塑出一些不具有任何意義的作品。請記得，寶寶的創作過程，必須是天馬行空毫無預設的目標，如此，他才能充分地鍛鍊手眼同心運作的默契喔！

2. 帶著寶寶剪剪貼貼！爲寶寶提供豐富多變的材料，舉凡各種顏色和質料的紙張、毛線、圖片，甚至於青菜水果等，都可讓寶寶自由地用小剪刀剪出不同的形狀，再一一貼出寶寶自認爲滿意的大作。

3. 教寶寶玩紙牌，不見得一定要玩傳統的紙牌，以數字、形狀、顏色和實物的相片爲主的紙牌，同樣可以變化出許多訓練寶寶配色、比對和短期記憶的遊戲。有心的家長們不妨定期抽出一些時間，和寶寶一塊玩玩牌，既可輕鬆地消遣一番，又可訓練孩子的手眼協調能力。如此一舉兩得的親子遊戲，請您千萬不要輕易就「算了」喔！

4. 凡是創意性的活動，您都必須想盡方法鼓勵寶寶去進行，市面上常見的各式積木、樂高和組合玩具，以及日常生活中的沙石、米粒、清水等，都是值得寶寶投資時間在其中的優良「玩物」。

最後，我們要重新提醒您，以上的活動都應該是「有趣和好玩」的遊戲，請千萬別對寶寶施加太多的壓力，以免造成「貪多嚼不爛」，無法吸收，心生反感的下場。

搭建溝通捷運

延續上個月「溝通路障」（第七個月第139頁）一文，本月我們將爲家長們列出十項在搭建親子溝通管道時，不可或缺的重要材料。

e世代的人們是極端忙碌的，人與人之間已經無法再像「老祖宗」們一般，有許多的時間和機會，面對面地相處，好整以暇地彼此交流。現代的科技拉遠了人與人之間的距離，同時也占據了每一個人的心思意念，生活之中，乘車的時間、看電視、打電腦、聽收音機的時間，一而再、再而三地蠶食著人與人之間彼此交往的質與量。

在這種「大勢所趨」的情形下，有心的父母們更要善於利用溝通的技巧，隨著科技發達的腳步，快快以功效最高的方式，搭建起親子之間的溝通捷運。

用心聽

當您的寶寶有事要告訴您的時候，請拿出您全副的專心，坐下來，看著寶寶的眼睛，仔仔細細，從頭到尾，聽他把話說完。即使寶寶所談論的內容在您聽來實在是小題大作，毫無意義，也請您要對他付出「大師級」的尊重，用心聽聽這些對於寶寶而言十分重要的話題。

不心急

一般人在和孩子打交道的時候最容易犯的錯誤，就是會忍不住地打斷寶寶，催他快點說，或者是乾脆搶著先幫寶寶把他的話一口氣全部說完。這種通病雖然值得諒解（當心急如焚的大人遇上慢條斯理的孩子時，的確會令人有想要將「發條加快一點兒」的衝動），但是我們建議您務必要耐住性子，不心急也不催促地，任由寶寶以他自己的方式，將他想要表達的意見，澈澈底底地說清楚。

多覆誦

覆誦（也就是將寶寶所說出來的話，用您的方式重說一遍），是增進親子溝通的一劑強而有力的催化劑比方。當寶寶對您說：「炸豬排好吃！」那麼您不妨也乘機附和：「寶寶喜歡吃炸豬排，媽媽知道了，有機會我們可以常常做炸豬排吃！」

這種方法，一方面可以避免不必要的誤會，另一方面還可讓寶寶明白他所表達出的意見已被接受和尊重，我們認為這是家長們不可不學的好方法。

接收肢體語言

親愛的家長們，請您仔細反省一下，近來當您和寶寶說話聊天的時候，您是否都是邊聽寶寶說話邊忙著其他的事，光是聽到了寶寶說話的聲音和內容，但是並沒有看到他的表情、動作和手勢？也許您正忙著開車、打電腦或是炒一盤青菜，但是我們要提醒您，盡可能地多留心觀察寶寶的肢體語言，他是否正緊張地在啃指甲？他是否氣憤地小臉漲得通紅？他難過得低著頭流眼淚？還是他開心得手舞足蹈不知該如何是好？許多時候，孩子的肢體語言會比他的話語，更加有效地傳達出他的心聲喔！

就事論事

養成習慣，一次只和孩子討論一個主題，清楚正確地將您所想要和寶寶溝通的意見表達出來！請記住，千萬不可逮住機會，就「窮兇惡極」地，將您數十年的人生經驗一籮筐地全倒了出來，這種方式連成人都很難接受，成長中的孩子更是會被攪得暈頭轉向，迷惑惶恐，茫然不安，結果是，您對寶寶所說的話，全都等於白說。因此，請您務必要控制好溝通管道上的交通流量，一次專注一個主題，努力避免「大塞車」式的溝通。

不要長篇大論

成長中的兒童，能夠專心的時間本就不長，因此家長們要有心理準備，對於您所預先擬好的長篇大論，不滿六歲的寶寶是無法接受的。與其大費唇舌、反反覆覆地強調一個相同的重點，我們建議家長們在目前這個階段，不妨採取「短打」策略，以簡明扼要，但是一針見血、畫龍點睛的方式，來向寶寶表達您的心意。這是一種省時省事，但是效果極佳的好方法，只要您多試幾次，即可親身領會到其中的龐大效力。親愛的家長們，請您從現在就開始試試，能不能在對寶寶說話的時候，每一句話都不超過十個字？

不要咬文嚼字

對於大多數的家長們而言，這是一層「知易行難」的道理。您的心裡當然明白，寶寶的年紀小，心智尚不成熟，人生閱歷也十分淺薄，但是您卻經常會忘了這一點，而在不知不覺中以「老氣橫秋」的語氣來對寶寶說話。知道嗎？當這種情形發生的時候，您對寶寶所說的話，聽起來就像是「古文」或「文言文」般生澀難懂。親愛的家長們，如想成功地搭建您與寶寶之間的溝通捷運，別忘了要用適合寶寶程度的「白話文」來製作號誌和路牌，以方便寶寶找路喲！

撿好聽的說

沒錯，以教養子女的眼光來看，我們建議您要以「歌功頌德」來取代「批評攻擊」！即使是寶寶做了一些令您不悅的事，也請您要巧妙地「粉飾太平」，多多強調您所希望寶寶做的「好事」，而儘量不提他所做的「壞事」。這一招「蜜糖外交」的手腕，只要您養成習慣，做起來一點兒也不難，但卻能幫助您「不動一兵一卒」地就將寶寶「治得服服貼貼」的。親愛的家長們，如此高明的溝通方式，請您務必要多多使用喔！

不翻舊帳

沒有人喜歡在溝通的時候掀起舊日的瘡疤，寶寶也不例外！

除此之外，成長中的寶寶擁有和成人不同的時間觀念，他們雖然已能將「眼前」和「現在」的事處理得不錯，但是對於「過去的事」和「未來的事」，他們應付起來卻仍顯吃力。有心的家長們必須時時提醒自己，翻舊賬只會成爲溝通的路障，對於您目前的溝通唯有百害而無一利，請您務必謹愼戒之。

留心不當的無聲言語

想想看，當您在對寶寶說話的時候，會不會在不經意間流露出厭煩的表情？緊蹙的眉頭？不自覺提高的嗓門？抓起皮包、鑰匙想要快點出門的動作？

《教子有方》在此提醒您，請別小看了成長中的寶寶，對於這些無聲的語言，他們可是敏感得不得了呢！因此，請您想盡方法，努力不要讓這些不當的無聲言語，讓寶寶在親子溝通過程之中「誤入歧途」喔！

親愛的家長們，我們鼓勵您現在就開始，利用以上所列的十項「建材」，爲您和寶寶之間搭建一套既安全又快速的溝通捷運，預祝您早日完工！

寶寶開始寫字囉！

您的寶寶近來開始想要寫字了嗎？他會不會拿著一枝筆「假裝」正在寫一張購物單？他會不會在自己的圖畫大作下方簽上一個「不知所云」的簽名？他會不會請您幫他在一張紙上寫下他最喜歡的兒歌歌詞？

如果您的寶寶已在近來顯示出一些類似於以上所述，想要學寫字的蛛絲馬跡，那麼這即表示他已準備好可以開始學寫字啦！

對於成長中的寶寶而言，不論是閱讀、寫字還是數學，最佳的學習時機，就是當他主動地表示出有興趣的時候，此時家長們最應該做的事，就是「跟著寶寶的感覺」走，不多不少，針對他的「興趣口味」，爲他提供學習的材料，以難易適中的挑戰，幫助寶寶在學習中培養出旺盛的自信，因而激發出更加強烈的學習興趣和動機。

握筆

要學會寫字，先決的條件是寶寶必須要學會正確的握筆方式。如果您的寶寶已有許多用蠟筆和鉛筆畫圖的經驗，那麼他應該已有握筆寫字的能力了。

一般說來，對於寶寶小小的手指頭來說，短短胖胖的鉛筆會比細長的鉛筆要來得好握也好使用。家長們可以開始教導寶寶握筆的姿勢，但是不必太過強求，目前的寶寶只要能夠將筆穩穩地握住即可，至於標準和漂亮的姿勢，則需要假以時日，慢慢地加以訓練。

運筆

試試看，您的寶寶是否已有運筆寫字的能力。

先用粗的鉛筆在一張白紙的最左側和最右側，分別點出兩個大黑點，然後請寶寶握住一枝筆，在紙上畫出一條線將兩個黑點連起來。

寶寶所畫出的線直不直？是否平整？還是歪歪扭扭、忽上忽下？假如您覺得寶寶的運筆仍顯不穩，那麼您可以利用以下的活動來幫助寶寶多多練習。

橫行運筆馬路

如圖(一)所示，在白紙上利用五到十組長短不等的平行線，畫出鋸齒形不規則的「馬路」，這條「馬路」可以時寬時窄，時而轉彎，讓寶寶握著筆沿著「馬路」畫線，磨練運筆的能力。

(一)　　(二)

家長們也可自由地變化與創作，將這項運筆練習變得更加活潑和有意思。最好的方法，就是爲「運筆馬路」的起點和終點分別賦予實質的意義，如圖(二)所示，您可以帶頭寶寶先從報章雜誌中剪出一些人物、動物和建築物的圖形，在左側放一個人形，右側放一棟房子，或是一隻狗和一根骨頭，或是一輛汽車和學校，激發豐富的想像力，令他更加喜歡玩這個運筆馬路的遊戲。

直行運筆馬路

這項練習唯一不同於上述「橫行運筆馬路」的是，馬路的走向必須改為上下而非左右。

直行運筆馬路的兩端可以是小鳥和鳥巢、降落傘和地標、樹上的蘋果和樹下的寶寶……等。

迴旋運筆馬路

不規則的運筆軌道，例如小熊爬上山、雲霄飛車、旋轉木馬、青蛙走迷宮等，都是幫助寶寶練習迴旋運筆的有趣題材。

讓您的寶寶反覆再反覆地在橫行馬路、直行馬路和迴旋馬路上練習運筆，直到他能平穩筆直地，在紙上中規中矩地畫出一條直線為止。

大致說來，五歲多的孩子仍然會需要一陣子密集的運筆練習，方能成功地掌握住其中的訣竅。等到您認為寶寶已經可以從「運筆馬路」上「過關」時，即可將「運筆馬路」改為「運筆虛線」，以上下、左右和迴旋的鋸齒虛線，來訓練寶寶的運筆技巧，而等到寶寶能夠成功地從「運筆虛線」的練習中畢業時，他即已做好充分的準備，可以開始寫字啦！

寫字

親愛的家長們，教孩子寫字是一個人一生之中不可多得的光榮使命，將在您與寶寶心中留下深刻且甜蜜的烙印，請您務必好好把握住這個難得的機會，為了寶寶，更為了您自己，漂亮地完成這項重任。

先讓寶寶看著您工整地在紙上或黑板上寫出寶寶的姓，然後依筆畫順序為寶寶標出每一筆的起點和終點（如下圖所示），讓寶寶在您的引導之下，一筆一畫地將他自己的姓寫出來。

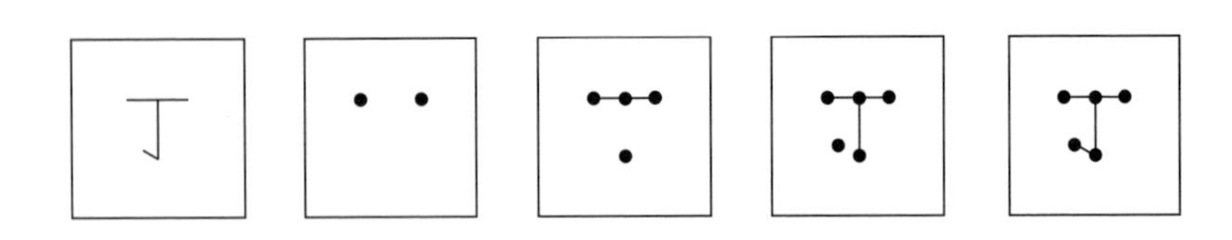

利用這種點點連成線的方式，家長們可以一點一滴地教會寶寶寫自己的名字。中文學會了，還可以繼續學學英文的寫法，對於成長中的寶寶來說，這些寫字的遊戲，不僅新鮮富於挑戰，還可以進一步地幫助他認知自我，他會百玩不厭，並且愈學愈有趣，愈帶勁呢！

筆劃

接著下來，家長們要慢慢引導寶寶不再依賴「黑點」，「放手單飛」自行寫出自己的姓和名。

臨摹砂字

利用一張砂紙，剪出寶寶的姓和名，扶住他小小的手指頭，一遍又一遍地在砂字上臨摹。假如你手邊正好沒有砂紙也沒關係，先在一張硬紙板上以粗筆寫出寶寶的名字，然後沿著字形筆畫塗上膠水，均勻地灑上一層細細的砂，等膠水完全乾透之後，抖落多餘的細砂，一組自製的砂字即大功告成啦！

描中空字

另外一種方法，是先在厚紙板上寫出寶寶的姓名，小心用小刀鑿空每一道筆劃，然後讓寶寶握著鉛筆在中空的字形中，沿著凹槽一筆一畫地慢慢練習。

當寶寶在進行筆劃練習的時候，家長們可以在一旁邊做嚮導帶領寶寶，邊做啦啦隊爲他喝采，等到練習得差不多的時候，即可鼓勵寶寶試試看，用小手指頭沾些水在桌上寫名字，用一支筷子在沙地上畫畫看，能不能大致把名字寫出來。

經過了以上逐步的訓練，寶寶應該可以很快地開始眞正的學寫字了。家長們只要能夠緊緊守著「跟著寶寶的興趣走」這項大原則，不疾也不徐地堅持到底，那麼在寶寶學寫字的這項科目上，親子雙方必然都能交出一張亮麗輝煌的成績單。親愛的家長們，請您多多加油喔！

冷眼看電視

在美國，兒童是全國人口中，觀看電視最大的族群。根據保守的估計，學齡前兒童每人每天幾乎花了三分之一的非睡眠時間來看電視！有人曾以「冠軍保母」和「插電的毒癮」來形容電視，但也有人極力鼓吹優良電視節目的重要性。《教子有方》願以純粹幼教的客觀立場，為家長們簡要地分析這個家家都有，且不只一台的「誘人方盒子」。

電視提供孩子完全被動的經驗！想想看，當寶寶坐在電視機前除了看和聽之外，什麼也不做的時候，他不必動手、不必動口、不必反應、不必回答、不必記憶、不必整合知識，更加不必啓動任何的心智活動，此時的寶寶，已被澈底地剝奪了任何其他更加積極和生動的學習，他唯一能做的就是無條件、單方向地，接收電視節目所播放出的內容。

《教子有方》過去曾一再地為家長們強調，成長中孩童「動手」學習的重要性，寶寶必須伸手觸摸，腳踏實地，以感官的五種知覺（看、聽、嗅、嚐、觸）來擁抱眞實的世界，如此他才能夠眞眞正正地學習、完完整整地發展。

當看電視的時間取代了寶寶「生活與成長」的時間時，即使是再優良的電視節目，恐怕也無法彌補這份重大的損失！親愛的家長們，您能夠同意我們的看法嗎？請您記住，要學會畫圖，寶寶必須動手打底和著色；要學會游泳，寶寶必須下水沉浮；要學會閱讀，寶寶必須翻書認字，這一切的經驗全都不是任何的電視節目所能提供的。也許您目前還感覺不出電視對於寶寶所能造成的負面影響有多大，但是久而久之，當問題眞正浮上枱面時，卻可能已是「病入膏肓」，難以醫治了啊！

建議您，爲了孩子的成長，要早早將家中的電視機「打入冷宮」！

提醒您！

- ❖ 別忘了快快帶著寶寶播種喔！
- ❖ 努力搭建親子溝通的捷運系統。
- ❖ 請記住，不要動手打寶寶喲！
- ❖ 把握機會，教導寶寶學寫字。

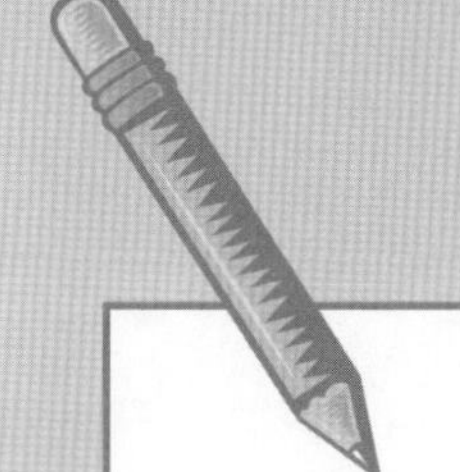

迴 響

親愛的《教子有方》：

我們所擁有的第一份《教子有方》是在小犬剛出生時所收到的「贈閱品」，轉眼六年過去了，《教子有方》也已成為我們生活中不可缺少的良師益友。

我本人是小學生的心理輔導員，所以我曾經向學區主管大力推薦《教子有方》，卻沒想到學區總部早已擁有了全套的《教子有方》了！

謝謝您！

方傑

美國印地安那州

第九個月

扛起生命的擔子

在兒童心理發展的過程中，尙且不滿五歲的寶寶目前正處於一個重要的轉型期，簡單的說，成長中的寶寶正努力學習爲他自己扛起人生中的各種責任擔子。在未來的幾個月到一年之中，您將會目睹並且親身參與這項重要的轉變，也就是說，寶寶小小的肩膀將會一日比一日更加的碩壯，更加的有擔待！

表面上看起來，五歲九個月的寶寶仍然是稚氣未脫，少不更事，但是和去年此時相比，卻是獨立得多，也懂事得多了。因爲上了學的緣故，寶寶已漸漸開始在乎其他人（尤其是同學和玩伴們）對於他的看法和期望。整體說來，寶寶已經開始有不同的思考方式，不同的思想內容，不同的興趣，他會說不同的話，也會做不同的事，同時，寶寶的身形也會隨著時間的腳步日益增高茁壯，使他能夠肩負起更多的責任擔子。

舉例來說，寶寶需要學會每天早晨準時起床和上學不遲到，他要能夠在學校裡管理好自己的書籍簿本和一切文具，他必須對自己的言行舉止負責任（因爲他的一言一行全都會影響到周圍的親人、師長和小朋友），他需要能夠記住並且切實做到老師的規定和要求，他還需要爲了自己的益處，努力向上，奮發圖強……。

親愛的家長們，不論您是多麼深愛著寶寶，不論您多麼願意爲寶寶赴湯蹈火，隨著寶寶漸漸的長大，將有愈來愈多屬於寶寶的事您無法插手，愈來愈多屬於寶寶的天地您無法涉足，也將有愈來愈多屬於寶寶的責任，您不但無法爲他代勞，甚至於絲毫無法爲他分擔！當他展翅單飛時，您如何能安心地相信，寶寶會將他自己的生活處理得很好呢？您又如何能在目前寶寶還小的時候，爲他做好萬全的單飛準備？您該怎麼做，才能讓寶寶有朝一日，成爲頂天立地、做事有擔當、面對人生豪情萬千不膽怯的新新人類呢？

以下是《教子有方》爲家長們所歸納出的四項重點，幫助您打造一位「雙肩能挑千斤擔」的「英勇好寶寶」！

這五項重點聽來簡單容易，但是並不是每位家長都能堅持到底貫徹執行，因此，我們鼓勵家長們要先在忙碌的生活中，挑選一段空檔，放下手邊的工作，停下腦中的思慮，泡一杯好茶，找一張舒適的椅子，再靜靜地詳讀本文，細細地咀嚼其中的深意。然後，您才能融會貫通地將您對寶寶深深的愛心與期許，點點滴滴地在生活中付諸行動！親愛的家長們，現在您準備好和我們一同來鍛鍊寶寶承受生命的能力了嗎？

鼓勵寶寶自己的事情自己做

訂定遊戲規則

清清楚楚地告訴寶寶您希望他做的事（例如每晚將自己換下的衣服扔到洗衣籃中、日常物品用畢歸回原位、吃飯的時候不看電視……等），同時您也必須設下規矩，讓寶寶知道假如他不遵守這些要求，那麼一些令他不愉快的警示就會發生（例如玩具沒有收好之前不能出去玩、從外面回家沒有洗手之前不准吃東西、家中有人在睡覺的時候吹玩具喇叭就要被沒收……等）！親愛的家長們，請您千萬不要覺得如此的作風十分冷酷不近人情，更不必擔心寶寶的身心會因此而被戕害，您唯一必須用心的，是切切實實、澈澈底底、堅持但不必凶狠，確認寶寶對於您的期望和懲戒辦法，擁有百分之一百全盤的了解。

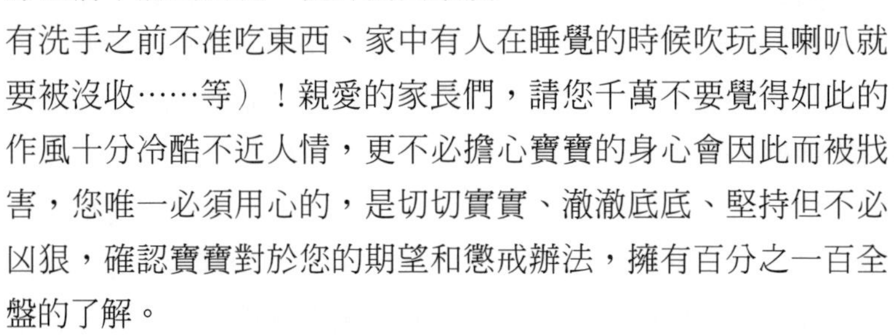

分段式教學

對於寶寶尚且無法完全勝任的家事，您必須有計畫、有進度地逐漸將寶寶教會。

一開始的時候，您不妨先將整件工作分成簡易好學的單一片段步驟，例如您可以第一天先教寶寶在水桶中注滿水，加入一瓢洗衣粉，把寶寶泥濘不堪的布鞋放入水桶中，等到了第二天早上，您可以請寶寶用水管沖洗布鞋，直到沒有肥皂泡泡爲止，然後要求寶寶將濕的布鞋曬在陽台上。再等一天，帶著寶寶一起檢查布鞋是否已經晾乾，等到完全乾透，即可收回鞋櫃中。這麼一來，一件原本複雜難以解說的工作，寶寶學來卻是既輕鬆又有趣，更充滿著超越挑戰的期待，用不了多少的時間和練習，相信寶寶不但能夠清洗自己的布鞋，甚至還可以爲其他的家人們代勞呢！

家長們在進行這一項活動時，必須「忍得」，要想盡辦法克制住想要伸出援手的衝動。請記得，您要給予寶寶學習的機會，更要竭盡所能捺住性子靜心等待，讓寶寶能夠慢條斯理地琢磨出初學者的心得。理所當然，您一定會比寶寶做得好，做得快，做得乾淨俐落，少麻煩，但是這些全都不及寶寶的成長和學習來得重要。親愛的家長們，請您千萬要當心，不可因爲一時忍不住而前功盡棄喔！

男孩女孩要平等

許多家長們容易在不知不覺之中，以孩子的性別來決定他們所應負責的工作和所應學習的項目，我們在此要提醒讀者們，請您務必要拋開男女不一樣的「俗套」，以免主觀地剝奪了寶寶學習的機會。

平心而論，假如您的男孩從小到大從來不懂得如何鋪床摺被、掃地、洗碗，而您的女孩對於電器插座、釘鎚扳手等工具始終敬而遠之，那麼這種「不平衡」的成長經驗，對於孩子們來說，實在是太不公平了！

親愛的家長們，我們希望您的孩子不論是男還是女，日後都是能文亦能武，可主內亦可主外，挽起衣袖能下廚，換上牛仔褲能粉刷牆壁……，因此，請您從現在就開始，就要「不計性別」地爲寶寶安排他的生命課程，培養一個過去不曾因爲性別被歧視，日後也不會因性別而歧視他人的新「好男人」和新「好女人」。

做好表率

讓寶寶每天都有機會「眼睜睜」地，看著爸爸和媽媽盡責認眞地完成他們的工作，不論是家事還是公事，這些一肩挑起全家大小事的榜樣，必會在寶寶心中留下鮮明的印象。

是一種愛慕（「我將來長大也要像爸爸一樣……」），也是一種自我的期許（「媽媽不論再忙每天還是會……，我也要……！」），寶寶會因而自動自發，不需督促地朝著「想要負責」、「勇於負責」的理想奮力追求。瞧，對於父母們來說，這種無言的身教，既可完成眼前的任務，又可贏得孩子的景仰和敬佩，還可不多花心力即增益了寶寶的成長，眞是「一本多利」，值得您多多的去做喲！

任由寶寶自食其果

親愛的家長們，還記得什麼是「無爲而治」嗎？在培養寶寶獨立堅強的過程中，您必須要學會放手，讓寶寶自食其果，不論是善果還是惡果，都是生命本身對於寶寶的回報，寶寶將會從中汲取寶貴的經驗，藉以修改自己的言行，一次又一次地更上一層樓。

假如寶寶失手摔壞了他最心愛的磁娃娃，不小心也好，故意也好，那麼，理所當然的結果，就是寶寶從此不再擁有這個磁娃娃。身爲家長的您事先必然曾經警告過寶寶：「磁娃娃容易打破！」但是這許多的提醒，可能要等到磁娃娃眞的被打破的時候，才會讓寶寶猛然醒悟：「喔！原來磁娃娃輕輕一碰就碎了，以前媽媽的警告原來是這個意思。」

等到寶寶再稍微長大一些，您也許會開始發派零用錢，對於金錢，同樣也該採取「無爲而治」嗎？沒錯，您可以告訴寶寶您的建議和經驗，但是在這個十分重要的課題上，請您一定要在此時（寶寶還小，還在學習的階段）放手讓他爲自己作決定，並且親自嚐到他的決定所帶來的後果。

也就是說，請您要努力做到「不動聲色」地讓寶寶「胡亂地」花光了他的零用錢，然後等到他「口袋空空」卻又非常想買某一件玩具的時候，「狠下心」來讓寶寶體會一下「想要，但沒有錢買」的痛苦滋味，這麼一來，當寶寶下一次再領到零用錢的時候，他必然會開始比較小心地盤算，比較謹愼地使用，也會比較懂得「積少成多」、「積穀防饑」的眞意。

有許多家長（也許您也是其中之一！）會因爲害怕孩子犯錯，而乾脆代替他管理錢財，也有些家長則會因爲心疼孩子的「窮極潦倒」而好心地「貼錢」給寶寶，類似如此的做法，前者剝奪孩子學習和成長的機會，後者則不但免除了寶寶「痛定思痛」的經驗，還大大地助長了他「有恃無恐」的投機心態，也許眼前能夠暫時達到「皆大歡喜」的地步，但是眞正的問題卻會像一枚定時炸彈一般，被埋在寶寶的命運之中，日後總有一天會突然引爆，炸得寶寶遍體鱗傷。

親愛的家長們，現在您明白了愛之深雖然不必責之切，卻要讓孩子因爲疼痛而成長的「用心良苦」嗎？下一次如果寶寶堅持要看完某一個電視節目而延遲了就寢的時間，那麼第二天早晨，您可以不搖醒沉睡中上學已遲到的寶寶，任由他被老師處罰嗎？還是您會凶狠地強迫寶寶關掉電視，硬把他拖到床上睡覺，以免第二天早晨睡過頭？請記住，任由寶寶自食其果雖然不能產生立竿見影的成效，但是卻能達到「保用一生」的超級好結果喔！

幫助寶寶學會爲自己的情緒和行爲負責

所謂「爲自己的情緒和行爲負責」，指的是「面對事實的眞相」的習慣和勇氣，不僅是成長中的寶寶，即便是大人，也需要時時勤於培養這項高明的修養！

善於辭令

現在，讓我們先一塊來思考一下，以下兩種說話的方式，會對寶寶造成什麼樣不同的影響：

1.「你這個孩子眞是令我生氣！」

2.「你把我的電腦檔案弄壞了，我很生氣！」

對於父母而言，以上兩者都是責罵，都在表達心中對於寶寶行爲的不滿，但是前者聽在寶寶耳裡的意思是：「我使爸爸生氣了！」和後者「我玩爸爸的電腦鍵盤，弄壞了他的檔案，他現在很生氣！」卻是大大地不相同。親愛的家長們，現在您看出來了嗎？前者錯誤地否定了寶寶這個人，後者卻清楚地將事實的眞相交代清楚，讓寶寶明白，不是「爸爸生他的氣」而是「他的不當行爲」惹惱了爸爸。

從責任歸屬的角度來分析，寶寶應該爲他的行爲負責，而爸爸則應該爲他的情緒負責，以上兩種說法，後者直截了當地點明了「全案」，前者卻含糊不清地隱射「寶寶該爲爸爸的生氣負責」！

因此，親愛的家長們，現在您知道該如何正確地「聲討」寶寶的「罪行」，但不將一頂「你不好」的大帽子，將寶寶從頭到腳全扣在裡面了嗎？

覆誦式的聆聽

想要訓練寶寶爲自己的情緒和行爲負責，家長們還需要另外一項「配備」，那就是覆誦式的聆聽（responsive listening）能力。也就是說，您要先努力仔細聽清楚寶寶所說有聲的和無聲的話語（即肢體語言），然後再以您的方式向寶寶覆誦一次，在如此一個過程之中，寶寶得以客觀地理清、接受並且承擔他的思緒和感情，不再怨天尤人，不會粉飾太平，更加無法逃跑和迴避。

想想看，當寶寶氣憤地邊哭邊跑向您，上氣不接下氣地訴說：「嗚，小美害我摔了一跤！」時，您的反應應該是：「唉呀，這個小美怎麼這麼壞，下次不要和她玩了，媽媽瞧瞧寶寶有沒有跌傷了啊？」還是：「怎麼回事啊？小美推你讓你摔跤了嗎？」

沒錯，懂得覆誦式聆聽的家長會採取後者，藉著如此的反應，您會引導寶寶冷靜下來，客觀理智地省視整個事件：

「沒有，小美沒有推我。」

「那麼小美絆倒你了嗎？」

「也沒有，小美沒有絆倒我。」

「那麼寶寶怎麼會摔跤了呢？」

「小美叫我一起去吊單槓，我一鬆手就摔下來了！」

「喔！原來是你自己沒抓緊跌了下來，不是小美害你的嘛！對不對？」

「……，對，是我自己摔倒的！」

瞧！這麼一來，寶寶將會在您的鼓勵和支持之下，勇於面對事實的眞相（自己鬆手從單槓上摔下來），不怪罪他人，也不逃避責任，大方地接受自己的錯誤，並且勇於承擔自己的錯誤。下一次當他再吊單槓的時候，他必然會比以前更加地謹愼和小心囉！

棄絕逼供

有許多的家長們會在寶寶犯了錯之後不斷地「拷問」：「說，你爲什麼上完廁所又忘記要洗手？」假如您也有同樣的習慣，那麼《教子有方》建議您要及早「壯士斷腕」地棄絕這項行爲。因爲如此的「逼供」，等於是變相地在強迫寶寶，爲他的錯誤尋找一個足以搪塞的理由。這並不是一件值得鼓勵的事！

畢竟，做錯了事就是做錯了事，不論做錯事的原因是什麼，都已經不再那麼重要了。重要的是，您要幫助寶寶認清自己的錯誤：「寶寶，你是不是上完廁所還沒有洗手啊？」勇於承認：「對不起，我忘了！」及時彌補：「我現在馬上去洗手！」並且期許自己下一次一定要更好：「媽媽，我下一次一定要想辦法不忘記洗手！」

總而言之，家長們愈是能夠諒解，愈是能夠「逆來順受」地看待寶寶的錯誤，寶寶也愈能從自己的錯誤中學習。請您一定要記住，成長中的孩子如果因爲您的憤怒和失望而感到害怕，那麼他會自然而然地開始「不擇手段」爲自己辯護脫罪，這麼一來，他將永遠都無法眞正地承認自己所犯的錯誤，在人生的旅途中，他要如何能夠做到「自己跌倒自己爬」、「下一次會更小心」、「明天會更好」的地步呢？

要能眼睜睜地看著寶寶犯錯

親愛的家長們，您是否也曾經有過明知寶寶已踏上了「錯誤的不歸路」，但卻不知應該如何阻止，或者是否應該阻止的困窘經驗？比方說，當寶寶裝了滿滿的一杯果汁，正危危顫顫地走向餐桌，此時您明明知道他會把果汁打翻，但是您知道該怎麼做才好呢？

假如您此時立刻衝到寶寶的身旁，伸手接過這杯果汁，好心地對寶寶說：「媽媽來拿吧！免得你打翻果汁。」那麼，雖然您及時阻止了一場可怕的潑灑果汁事件，但是對於寶寶，您等於是毫不留情地削了他一頓：「不行，不行，你是沒用的，你沒有拿一杯果汁的能力，我不能讓你拿果汁！」同時，您也成功地中斷了寶寶正在進行的「拿一杯果汁走向餐桌」的學習。

因此，親愛的家長們，我們建議您，除非寶寶當時所正在逐步走向的錯誤，會造成對於他自己或親人嚴重的危險和傷害，那麼在盡可能的範圍之內，請您一定要一忍、再忍、三忍地，忍住想要插手的衝動，最多最多，您可以開口提醒：「小心喔！寶寶要慢慢走，果汁快要灑出來啦！」然後，您要「大人大量」地看著寶寶把果汁灑在身上，滴在地上，等他終於把灑得只剩下半杯的果汁端到桌上時，您才可以帶著寶寶回頭看看他所製造出來的混亂，要求他自行清理弄濕了的衣物和地板，藉著上述「任由寶寶自食其果」（詳見第175頁）的方式，幫助寶寶「痛苦地」告訴自己：「下一次果汁不能裝得太滿，少倒一點兒，走慢一點，才不會灑得一塌糊塗，還要花這麼多的時間和力氣來清理！」

懂了嗎？要讓寶寶知道您對他有信心，即便是失敗了，您還是對他有信心。唯有如此，成長中的孩子才能屢屢從失敗之中重整旗鼓，重新再來，才能明白失敗和錯誤是人生之中的必須，也是通往成功的必經之道。

親愛的家長們，您要慷慨大方地「默許」寶寶犯錯的權利，給予他您全副的愛心和無條件的支持，但是，請別忘了要把雙手揹在身後，退後一步，讓寶寶自己去從錯誤之中，找到成功的大門。

教導寶寶成功和失敗都要照單全收

失敗不失意

讓我們先從失敗談起，當寶寶努力之後卻仍然失敗時，身為家長的您，請多多益善地給予寶寶您的同情和安慰，但是請您絕對不要為寶寶製造藉口，或是尋找理由。

比方說，假如寶寶為了參加比賽，十分努力也十分用心地畫了一張圖，結果揭曉後寶寶名落孫山沒有得獎。也許您此時會很想告訴寶寶裁判沒有眼光，他的圖畫比得獎的孩子畫得好；又或許您會安慰寶寶，說不定得獎的孩子請人代筆捉刀，而寶寶卻是全憑眞本事，沒有得獎太不公平；或許您也會「酸溜溜」地勸寶寶，這項比賽原本也沒有什麼大不了，不得名正好算了……，這些種種的「揣測」，其實全都是莫須有的「遮陽板」！

別擔心寶寶承受不了失敗的事實，輸贏本是兵家常事，贏家得意，輸家失意，更是人之常情，家長們此時最應該做的，是幫助寶寶正視失敗這個事實，適當地發洩他的失意（例如他可以大哭一場），和尋求安慰（例如媽媽可以緊緊地擁抱寶寶五分鐘）。除此之外，家長們還要教會寶寶：「寶寶已經盡了自己的努力，你畫的圖自己很喜歡，對不對？那麼，雖然沒有得獎，你還是值得爲自己感到高興啊！」如此一來，寶寶即能學會「失敗」但「不失意」的頂尖人生哲學喔！

成功不忽視

當寶寶得勝的時候，家長們又該如何是好呢？

您需要眞心誠意地爲寶寶感到高興，幫助他看到努力之後的果實是如此的豐碩，並且分享他的快樂，如此您才能成功地幫助寶寶，從勝利的經驗中汲取大量的勇氣和信心，以更加成熟穩健的步伐，主動迎接下一個難度更高的挑戰。

這件事情說來容易，但是卻有許多家長們做不到，原因有二，一是吝於讚美，二是標準過高。吝於讚美的家長們即使在心中甚爲得意和欣喜若狂，表現在外的仍是一如往常的「酷」，他們緊守「口風」，絲毫不讓任何「好聽的話」從嘴中漏出。而標準過高的家長們，則對於寶寶「小小」的成功完全「視若無睹」，這一型的父母通常對於自己也是極爲「嚴苛」，是屬於如果不登峰造極，就算澈底失敗的「高標準」人物。

親愛的家長們，您屬於以上兩型中的一種嗎？

自我評估

《教子有方》要語重心長地提醒您，請您要幫助寶寶多多看到自己的成就，放棄自己的「高標準」，打開「讚美之泉」的柵欄，先從讚美自己開始做起，帶領寶寶養成凡事多往「成功處」看的好習慣，分享孩子的驕傲，參與他因成功而產生的「起勁」，如此，才能眞正有效地幫助寶寶，成功了還能繼續更加成功！

成長中的寶寶需要擁有爲自己評分的本領，他要能夠告訴自己：「不錯！我覺得這首鋼琴曲子我彈得蠻好聽的！」或是：「糟了，我把這個紙飛機摺歪了，恐怕飛不起來了！」並且還要能夠信任自己的判斷，相信自己的眼光。這一種自我判斷的能力在日後寶寶一生的歲月之中，將強而有力地主宰著他的生命，畢竟，不論是做人還是處世，他都不能處處仰賴著別人對他的評論啊！

因此，家長們必須容許，並且鍛鍊寶寶爲自己評個分：「寶寶你覺得你今天在百貨公司的表現如何啊？」、「寶寶你喜歡這個自己做的小花瓶嗎？」、「寶寶照照鏡子，自己的臉洗乾淨了嗎？」以身作則地教會寶寶如何得體地爲自己的成功感到高興，又如何以平常心來看待失敗。要知道，唯有如此，寶寶才能夠眞眞正正地學會爲自己的努力負責，才能發展出成功失敗照單全收的生命魄力。

在本文的最後，讓我們再一次提醒您，五歲九個月大的寶寶目前正處於一個成長中必經的轉型期，在身心各方面，他都有可能會「忽大忽小」，時而像個小大人，時而又像是個小娃兒，這種情形一定會發生，一旦發生的時候，請您千萬先別自亂陣腳，要儘量保持一顆冷靜的心，快快想起：「在寶寶的意識中，有一部分已是成熟懂事，也有另外一部分仍然幼小稚嫩，難怪他的心智思緒會像鐘擺一般晃盪不已！」

當寶寶又擺回軟弱無助的位格時，請您要立即給予寶寶您的耐心協助和諒解，這是您不可推卸的責任。親愛的家長們，請您要有信心，假以時日，寶寶必能找到一個平衡點，完成這項成長的考驗，通過「人生的擔子自己扛」的重要里程碑！

當寶寶撒野的時候

每一個孩子都有撒野的時候，當寶寶「被逼到牆角」時，他會大哭大鬧、拳打腳踢、吐口水、咬人，還會掐脖子、揪頭髮、惡形惡狀令人不敢領教……，這些都是成長中的幼兒表達不滿的方式，至於這些方式會不會被永久地當成是克服困難的工具，就完全決定於父母此時的表現囉！

千萬不可以暴制暴

任誰都知道，以打孩子來制止孩子打人，在邏輯上是完全說不通的。兒童的言行舉止，多半反應著家長們的身教而非言教，因此，與其因爲體罰而爲寶寶設下了錯誤的示範，不如嚴格地設下規矩（例如：「不可以丟沙子」），切實執行，犯規必定糾正（如：「寶寶看到沙子就忍不住想要丟沙子，我們還是走了，不玩沙子了吧！」），溫和但堅持地誘導寶寶的行爲走向正途。

一般說來，一個情緒激烈、行爲暴力的孩子，他的問題多半出自於家庭，大多因爲他曾經親眼目睹或親身經驗各種高分貝的爭吵和肢體的衝突。因此，家長們除了要戒除打孩子的習慣之外，還要努力檢視自我平時解決問題的方法，凡是「以大聲壓小聲」、「以大暴壓小暴」的模式，都請快快扔進垃圾筒去吧！

小小受氣包

親愛的家長們，您的寶寶是個小小的受氣包嗎？

受氣包型的寶寶多半來自於父母對他永遠不滿意的家庭，在家人、父母的面前，他總是一無是處，動輒得咎，整天不是被罵就是被打，全身上下散發出的盡是令人不順眼、不順耳，甚至於不順鼻的氣息！這一類型的寶寶可以根據他們在受了氣之後的表現而分為兩種，第一種我們稱之為「變本加厲氣爆型」，另一種則是「忍氣吞聲窩囊型」。

顧名思義，「變本加厲氣爆型」的孩子以「我怎麼接受，就怎麼付出」的方式面對人生，親人給他氣受，他也將更多的氣分施出去；父母打他，他更加用力地去打別人；朋友罵他，他愈發大聲惡毒地罵別人⋯⋯，在每一個人的眼中，他都是一個不折不扣的小渾球。

相反的，「忍聲吞聲窩囊型」的孩子，在他的生命百科全書中，只存在著一種與人相處的模式，那就是逆來順受，打不回手，罵不還口，在他心中所想到的，唯有被打一頓和被罵一頓，才是鞏固人際關係的好辦法，對於自己的父母如此，對待親人和朋友亦是如此，這一類型的孩子沒有骨氣到了極點，往往令父母因此又氣得臭罵他一頓。

不論是「氣爆型」的孩子，還是「窩囊型」的孩子，只要是小小受氣包，他們共同的特色都是非常的沒有自信，非常的瞧不起自己，面對問題，他們無法冷靜從容地解決問題，他們要不是扮演著「被迫害」的角色，就是凶巴巴地去迫害別人，這兩種方法，卻都無法幫助他們達到目的。如此這般，當小小受氣包長大成人之後，不論是在學校、在職場、在婚姻和子女的關係中，全都會是頭號的大輸家！

親愛的家長們，您的寶寶是個小小的受氣包嗎？您會動不動就對寶寶大吼大叫一番嗎？還是您會尖酸刻薄、冷言冷語地諷刺寶寶？或許您會動不動就賞給寶寶幾個巴掌，又或許您會不自覺地經常對寶寶動口和動手，若是如此，保證您的寶寶必定是標準的「氣爆」或「窩囊」型受氣包寶寶！

要想拯救寶寶脫離「受氣包」的失敗命運，家長們必須從自己身上下手，「謹言」、「慎行」，重新做人，這是一件做來極不容易並且需要持之以恆方能收到效果的「苦功」，但是，我們仍然要鼓勵家長們「吃得苦中苦，教出人上人」，您唯有澈底封鎖對寶寶「出氣」的管道，孩子未來一生的幸福喜樂才能重新得到希望。

親愛的家長們，讀完本文，現在您知道當寶寶撒野的時候，該怎麼反應了嗎？答對啦！快快停止以暴制暴的行為，再也不要拿寶寶當作出氣筒了！

看穿寶寶的心

您想知道寶寶小小的腦袋瓜子裡，都藏了些什麼心事嗎？他的思路又是如何定位呢？以下我們為好奇的父母們所提供的親子遊戲，正可供您在「談笑之間」拆穿寶寶的心，親愛的家長們，您願意試試看嗎？

不經大腦的思考

這一種心事，我們在學術上稱之為「純憑感覺的認知」（Perceptual approach），是完全不經過推理、層次比較粗淺、直覺和反射性的想法。正是因為此種思考不經過大腦，所以經常容易導致一些錯誤的結論。

從以下的遊戲中，您可以清楚地測出，寶寶的思考模式是否仍舊停留在這一個階段。

教材

同色的籌碼。

玩法

先如圖一所示，在您的幫助之下，請寶寶將籌碼整齊成對地排成兩行，讓他可以清清楚楚地看出，兩排籌碼完全一樣多。

然後，您可以將其中一排的籌碼全部推成一堆（如圖二和圖三所示），此時請讓寶寶來說說看：「哪一排籌碼比較多啊？」

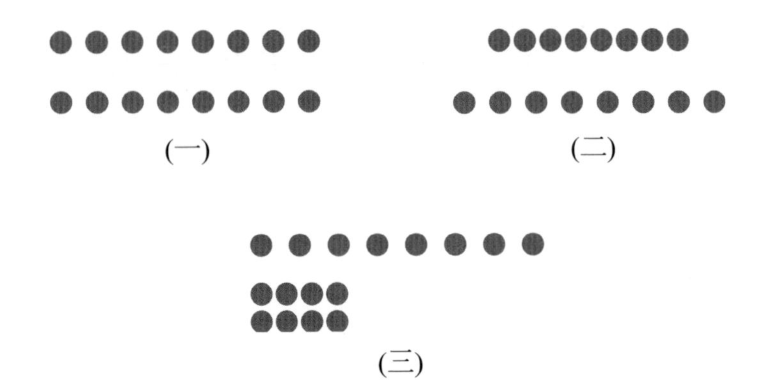

如果寶寶的答案是「兩排一樣多」，那麼這表示寶寶的思考方式已經不再是不經大腦了，相反的，假如寶寶宣稱：「當然是下面這一排比較多啊！」那麼他就是被自己的「純憑感覺認知」所欺騙，錯誤地以爲視覺上看來較大一片的籌碼，數目也比較多。

深思熟慮的推理

利用以上的遊戲，家長們可以幫助寶寶將思考的方式從「純憑感覺的認知」提升到「深思熟慮的推理」（logical approach）。

玩法

讓寶寶輪流從圖二的兩排籌碼中，一次取走一個，直到兩排籌碼同時被取光爲止。這麼一來，寶寶即可一清二楚地看出：「喔！原來兩排籌碼看起來不一樣多，但是其實是完全一樣多呀！」

很顯然的，當寶寶學會了利用邏輯推理來尋求問題的答案時，他即不會再被「感官的認知」所矇騙了。

一般說來，大多數的孩子要等到上了小學一、二年級之後，才會漸漸地開始採取「深思熟慮的推理」來思考，在這之前，他們還是會非常自然而然地以「純憑感覺的認知」來反應生活中的各種挑戰。

家長們可以利用以下兩種簡單的遊戲，爲成長中的寶寶提供一些腦力激盪的挑戰，幫助孩子早日養成「深思熟慮的推理」好習慣。

發放食物

您可以讓寶寶在吃點心或是吃水果的時候，爲家人分配食物。分配的方式有兩種：

分光了爲止

讓寶寶將一盒餅乾或是一盤葡萄，平均分給全家的每一個人，這是數學中除法的概念，寶寶在一開始的時候並不知道將要發給每位家人多少餅乾或多少葡萄，他要一次一個單位地逐一分發，直到食物全都分完，才可以數一數每個人所得到的份數。

滿足配額

此種分法和上述「分光了爲止」的不同處，在於寶寶事先已知每一位家人所需得到的食物份數。他不必一次分給每人一個單位，他可以一次就把某人的配額全都發足。比方說，媽媽可以事先告訴寶寶：「寶寶，麻煩你在每一個人的水杯中，各放入兩塊冰塊。」或是：「請發給每個人三顆糖。」然後隨著寶寶以他自己的方式來通過挑戰，完成任務。

蒐集破銅爛鐵

蒐集，不論是郵票、小石子、電影票、口香糖紙、汽水瓶蓋或是短得不能再短的鉛筆頭，都可以幫助寶寶親身體驗到數學中加法的概念。因此，親愛的家長們，請您不但不要阻止寶寶的蒐集癖，反而還要多多地鼓勵他開始蒐集一些他所喜歡的項目。

在生活中，別忘了要多多參與並支持寶寶的蒐集：「寶寶今天又撿到了一個銅板嗎？」、「是哪一種銅板呢？」、「那麼現在你的百寶箱中總共有多少枚銅板呢？」、「送給媽媽一枚你蒐集的銅板好嗎？謝謝寶寶！再數數看，你現在還剩下多少枚銅板呢？」對於寶寶而言，這些全都是既好玩、又好學的腦力大進擊啊！

自信心的配方

成長中的寶寶所逐漸顯露出強烈的、品質優秀的自信心（self-esteem），應該算是家長們最值得感到欣慰的成就。

擁有高度自信心的兒童十分看重他自己，也十分的尊重他自己，對於自己的一切都十分的滿意，最重要的是，他非常的喜歡他自己。相反的，自信心低的孩子，認爲眞實的自我和理想中的自我之間，存在著猶如天和地一般遙遠的差距。

在人生的旅途之中，自信心高的人處處占盡了優勢，根據學術研究的綜合整理，我們知道自信心高的人，擁有以下一些共同的特徵：

1. 較佳的親子關係。
2. 較多的朋友。
3. 較優秀的學業成績。
4. 較少進入情緒低潮。

有心的家長們該爲成長中的寶寶灌溉何種肥料，才能將寶寶的自信心培養得豐碩壯實呢？

能幹

首先，寶寶必須是能幹的！他要能有辦法學會許許多多的新本領，才能因爲自己的能力而日益信任自己，看重自己。

盡責

其次，隨著寶寶一天天地長大，他必須能夠爲自己的生活、自己的行爲和舉止負責，如此，寶寶才能挺直腰桿，擁有獨立的勇氣和意願，以及「天塌下來自己頂」的壯志豪情。

深深的被愛

最重要的一點，是寶寶必須擁有至少一份，深刻、眞實和永不改變的愛與支持！每一個自信寶寶的背後，都有一位無怨無悔地愛著他的人，正在全力地爲寶寶的生命站台呢！

親愛的家長們，您已爲寶寶的生命添加了以上三項缺一不可、三足鼎立的重要元素嗎？以下是我們爲您所擬定的清單，供您仔細地省察，請您務必抽些時間切實地塡寫，以免遺漏了任何一項自信心的重要原料喔！

請列出三項寶寶近來所發展出的重要本領：

(1)

(2)

(3)

請列出三件寶寶近來自動自發，勇於負責的光榮事蹟：

(1)

(2)

(3)

請列出三項近來您肯定寶寶、稱讚寶寶和告訴寶寶您愛他的紀錄：

(1)

(2)

(3)

成長中兒童所培養出的自信心，完全取決於他們與父母的互動關係，因此，親愛的家長們，請您務必要使出渾身解數，填滿以上的三張清單，幫助寶寶均衡地發展出健康有勁的能力、責任感和被愛的感覺，以氣壯山河的氣勢，三足鼎立地擎起自信心的千斤重擔！

提醒您！

- 要盡快開始鍛鍊寶寶扛起生命重擔的力氣。
- 請再復習一遍，當寶寶撒野的時候，您該怎麼辦？
- 調和寶寶自信心的配方，一項都不可遺漏喔！

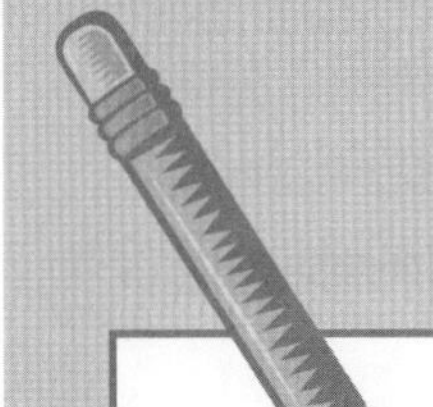

迴 響

親愛的《教子有方》：

我想要告訴您們，我是多麼的喜歡您們每個月為我所提供的知識。我們的《教子有方》是一位好友饋贈的禮物，現在想來，我們真是不知該如何來感激這位好朋友呢！

《教子有方》回答了我心中所有已經存在和還不存在的教養問題，我實在是每個月都不能不讀，隻字片語都不敢錯過！

真是謝謝您們！

李美麗

美國阿拉巴馬州

第十個月

哥倆好和姊妹淘

隨著寶寶一天天的長大，他將有愈來愈多「不在家」的時間，和愈來愈多「和老師、同學」在一起的時間，因此，「與人做朋友」的能力，也就變得愈來愈重要了。

讓我們先來思考一下，學齡兒童們是如何結交朋友的呢？

一般說來，共同的嗜好和興趣，會是吸引幼小孩童互為友伴的主要因素，有些孩子甚至會因為要和某人做朋友，而「故意愛上」某項特殊的活動。

等到孩子漸漸長大了一些之後，除了嗜好和興趣之外，他們還會因為彼此共同的價值觀和人生觀，而成為朋友。同樣的，有不少的孩子會因為想要「合格」成為某位「偶像」的朋友或死黨，而「效忠」地認同對方的一些看法。因此，對於家長們而言，一件極為重要的工作，就是要隨時提高警覺，密切觀察孩子從同伴們身上所受到的影響，並且嚴防孩子因而發生不良的改變。

親愛的家長們，在孩子未來的一生歲月之中，目前是您唯一最佳「控制」寶寶交友的大好時機，因為五、六歲的孩子大多必須仰賴父母為他們安排「訪友」的機會，因此，家長們不妨「光明正大地」為寶寶「篩選」「優質的好朋友」，並且從旁協助培養他們之間的友誼。同樣的，家長們也可以乘機阻止寶寶和「劣質友人」繼續交往下去。

也許您會在心中納悶，都已經進入二十一世紀了，難道還要以「獨裁」的方式來管制孩子的社交行為嗎？沒錯，在寶寶目前仍然幼小、仍然容易跌倒的階段，親愛的家長們，古時「孟母三遷」，古訓「近朱者赤，近墨者黑」的典範和道理，絕對要比「開放和民主」，對於寶寶要來得重要和有用。

交朋友的本領

在您精心爲寶寶挑選了值得結交的「優質友人」之後，成長中的寶寶又該如何才能憑著自己的力量，建立並且維持這份友誼呢？以下是我們所歸納出的「寶寶交友須知」，家長們不妨仔細檢視，幫助寶寶逐一建立起這些重要的本領：

- 仔細觀察並且虛心學習「優質朋友」的各項優點。
- 做好一名忠實的聽眾。
- 當與人交往的時候，要看著對方的眼睛。
- 養成習慣，即時地感謝，適當地讚美對方。
- 要能夠控制自我。
- 生氣和傷心的時候，動口但不動手地表達自己的不滿。
- 學會妥協和談判。
- 要有幽默感。
- 接受，並爲自己的言行舉止負責。
- 懂得察言觀色，了解對方心中的感受。
- 以「我們」，而不是「我」來打開話題（例如：「*我們*一起去溜滑梯」而不是：「*我*有一件新衣服！」）。

友情眞可貴

家長們也許會問，寶寶已經擁有了父母完全的愛，友情眞的有那麼重要嗎？沒錯，友情對於成長中的寶寶十分的重要，除了陪伴寶寶說話、玩耍、解悶之外，還有以下所列的許多好處：

- 因爲朋友和朋友之間各種資訊的交換，寶寶的認知能力（cognitive development）會因而大受刺激，加速膨脹和成長！

• 當一群孩子在一起「鬼混」的時候，他們會截長補短、分工合作地進行一些活動，有些時候，其中某一個孩子還會自告奮勇地扮演小老師的角色，來教導另外一個孩子。這種心理學上稱之爲「合作學習」（cooperative learning）的學習方式，往往會比正式的課堂教學要來得更加的有效。

• 對於許多初次學習時看起來十分困難、十分沉重和令人害怕的新本領，在有一群朋友一塊「幫腔」和「壯膽」的情形下，幼兒會學得比較大方、比較安心，也比較有效率。說穿了，這是一種「跟著朋友們一塊起哄」的心理，將之利用在學習上，往往能將一個原本學得毫不帶勁的孩子，轉變得興味十足，學得既開心又起勁。

• 友情的保證，可以讓寶寶更加放心大膽地拓寬他的社交圈，因爲在他的內心深處，他所擁有的朋友們，就是最佳的後勤部隊，即使是當他在社交新戰場上打了敗仗，受了傷，他仍然會有這一批老朋友們可以接納他，爲他療傷止痛。

• 在「優質朋友」的肯定和確認之下，許多良好的價值觀，將更能根深柢固地成爲寶寶生命中不可動搖的樑柱。

• 寶寶的朋友，是他的世界中唯一與他眞正同類的「族群」。怎麼說呢？想想看，寶寶在自己的家裡所接觸到的親人，身材、體形不是比他大得很多，就是比他小得很多；年齡不是比他老，就是比他小。因此，唯有在學校裡面的同學和其他同年齡的朋友，才是寶寶能夠與之眞正「平等相處」的友伴。這一層訓練和經驗，對於寶寶日後以成人的姿態和所有其他成人們的相處，有著重要和深遠的影響。

• 童年時期的交友經驗，還可以幫助寶寶在成人之後，擁有適應人生的彈性和韌性！根據許多學術研究的顯示，若要「從小看大」，從幼兒的身上預測未來是否能夠成功地適應人生，最好的指標不是學術表現，不是特殊才藝，也不是體能，而是寶寶是否有能力結交朋友，並且維持良好的友誼。

• 友情，是幫助寶寶度過低潮和消減壓力的萬靈丹！在失意、生病、家中遭逢變故或是學業上遇到挫折時，朋友們眞誠的安慰和關懷，特別能幫助寶寶振作精神，重整旗鼓，勇敢地迎接人生的挑戰。

• 最重要的是，寶寶的朋友們可以帶給他許多無限寶貴的快樂好時光。

人緣不佳？

您的寶寶有交不到朋友的苦惱嗎？當這種情形發生的時候，家長們首先應該做的，就是爲寶寶診斷出他的困難所在，然後再對症下藥地澈底消除阻礙他交友的眞正原因。

沒有人喜歡和過分害羞或是過分盛氣凌人的人做朋友，小孩子們也不例外。面對一群原本已經玩得十分融洽的孩子們，您的寶寶能不能夠輕鬆地打入其中和大家很快地玩成一片？仔細瞧瞧，寶寶和其他的孩子們在一起的時候，他看起來十分害羞、十分孤單嗎？還是他會表現出極端強烈的攻擊行爲？

親愛的家長們，假如您的寶寶有以上的問題，那麼您必須要及早幫助寶寶解決這些問題，快快帶領他走出人際關係的象牙塔。

添加察言觀色的本領

察言觀色的能力（也就是揣測他人心情、接收肢體的語言，和「有聽也有到」的聆聽能力），是維繫人際關係的強力黏著劑，假如您的寶寶缺少了察言觀色的法寶，那麼以下的這一項親子活動，必然是他目前所最最需要的「交友能力大補湯」！

這項活動再簡單也不過了，找一個親子兩人都既有空又有好心情的機會，和寶寶一起坐在沙發上，打開電視機，但是將音量完全關掉，共同欣賞一齣精采的默劇。

家長們可以邊看邊和寶寶討論，默劇中每一個角色的手勢、動作和表情，所代表的是什麼意義？所透露出的又是些什麼樣的訊息？

譬如說，您可以問寶寶：「告訴媽媽，你覺得這個小女孩現在看來是高興還是生氣？」、「她現在很生氣！」、「爲什麼您認爲她很生氣呢？」、「因爲她嘟著嘴巴，還用腳踢石頭！」……，這麼一來，寶寶就會慢慢地養成正確解讀他人肢體語言的好習慣，進而能夠更加成功地與人交往、溝通，順利地搭建起人與人之間的友誼橋梁。

爲孤獨和內向護航

有些孩子因爲種種無法改變的外在因素，在生活中一向顯得比較孤獨和寂寞（例如單親家庭中的獨生子女），久而久之，他們會變得比較令人難以親近，甚至於變得古怪和孤僻；也有另外一些孩子，他們天生就比較內向，比較沉默和安靜。不論是孤獨也好，內向也好，這兩種類型的孩子都不容易交到朋友，雖然如此，但這並不表示他們就不喜歡交朋友了！因此，家長們可以在寶寶的交友過程中主動地助他一臂之力，幫助孩子在先天和外在條件的限制之下，仍然能夠享受到友情的益處。

該怎麼做呢？不難，假如您的孩子也是屬於比較獨來獨往、形單影隻和害羞內斂的類型，那麼您可以先在暗中物色好一位，您認爲可以和寶寶合得來的「優質朋友」，然後，除了要想盡辦法多多製造兩個孩子相處的機會（例如多多邀請對方來家中玩，或是多安排兩家人的聚會），您還要爲他們的相處時段，設計一些有趣的內容（例如一起去游泳、一塊拼一個拼圖、共同在廚房中幫媽媽準備點心……等），讓孩子們能夠享受到一段愉快溫馨的共處時光。無形之中，兩人之間的友誼也會因而快速地增長，那麼您的護航工作也算是大功告成啦！

根治不良行爲

那麼，假如寶寶是因爲言語無禮、行爲暴戾，被人當作「拒絕往來戶」而交不到朋友時，您又該怎麼樣做才能幫助寶寶呢？

首先，您必須找出導致寶寶暴力傾向的根本原因（請參考五歲九個月「當寶寶撒野的時候」一文），避免讓寶寶繼續利用攻擊他人的方式來與人相處。然後，您可以開始多多爲寶寶「物色」一些性情溫和、舉止文雅的玩伴，讓寶寶逐漸「有樣學樣」，「附庸風雅」地「改邪歸正」，放棄過去粗暴的行爲，改以和平友好的方式來與人交往，如此，寶寶才能眞正地結交到「相知相惜」、「情深義重」的好哥們和手帕交。

總而言之，朋友，對於五歲十個月的寶寶而言，不僅僅能夠和寶寶在一塊共同玩耍、互相陪伴、消磨時間和解除寂寞，還能幫助寶寶在心智、社交和情感方面都得到正面的激勵，是寶寶在成長過程中一個絕對不可缺少的重要部分。親愛的家長們，對於「青梅竹馬」、「兩小無猜」、「穿一條褲子長大的」童稚友誼，請您千萬不可等閒視之喔！

芋頭和蕃薯

您是否曾經留心旁聽孩子們彼此之間的對話？有沒有聽到過類似以下的談話內容：「你們外省人最笨了！」（譯者按原文爲：「你們白人最笨了！」）、「你們台灣人最土了！」（原文爲：「你們黑人最土了！」）、「我們不歡迎女生，膽子小又愛哭。」、「走開，臭男生不要過來。」、「我們不跟你玩，因爲你的爸爸是美國人！」……，您是否也和許多其他的家長們一般，會被孩子們這些尖銳惡毒的人身攻擊，震撼得大吃一驚？

說穿了，以上這些從孩子們口中「順流而出」的難聽話，全部都要歸因爲現實社會中所存在的許多文化差異。在這個世界上，任何兩個人之間，都存在著或多或少的文化差異，舉凡性別、年齡、種族、省籍、宗教信仰、經濟能力和許許多多其餘的變數，全都會影響到每一個人的思想、認知、信念、感受和行爲。社會學專家們將以上所列這一切的不同之處，統一稱爲「文化差異」（cultural differences）。

根據許多科學研究結果所顯示，兒童在兩歲到七歲的這一段時期，對於文化差異的了解會進展得特別快。舉例來說，即使是一個只有三歲大的小娃兒，也會傾向於和長得和父母比較相似的人來往（爸爸高大的寶寶，喜歡身材魁梧的男人；媽媽戴眼鏡的寶寶，喜歡戴眼鏡的大人）。這一層對於文化異同的敏感性，會令孩子們早早地學會，一個族群之中孰爲多數，孰爲少數；誰是「熱門」，誰是「冷門」；誰又是「當權派」和「在野黨」。

正是因爲幼兒們對於文化的認知可稱得上是十分的早熟，就兒童心理發展和社會學的眼光來衡量，我們認爲家長們應該盡早將正確的文化觀和世界觀，灌輸在寶寶成長中的心田裡。相對的，我們也建議家長應該從寶寶很小很小的時候就開始，將不良的文化歧視和仇恨封鎖在寶寶的世界之外，不許這些有百害而無一益的「思想」有任何侵蝕寶寶生命的機會。

親愛的家長們，請您務必要牢記在心，您的寶寶必須對於文化的差異擁有一份正確和健康的認知，因爲唯有如此，他才能夠在這個文化多元化的新世紀中尋得一個立足點。這是生存的必備品，也是成功的唯一途徑，更是包括您在內的每個人，都應該努力行之的現代生活課題。

地球村

隨著現代科技的進步，交通工具和通訊方式的日益發達，地球這個星球，早就不再是一個碩大無比的龐然大物了，而居住於其上的人類，彼此之間的互動形態，也儼然有著如同農業時期，村莊部落之間唇齒相依和休戚與共的親密關係，以「地球村」（global village）來形容二十一世紀地球人類的世界觀，實在是十分的貼切和傳神！

正因爲人與人彼此之間互相依賴的程度愈來愈高，e世代人們對於文化差異的認知和態度，也就顯得史無前例般地重要了！

然而，人們對於處理文化差異這個問題卻似乎一直不拿手，就以美國這個民族大熔爐爲例，即使所有的錢幣上都印有「來自於各式人種的一個國家」（e pluribus unum）的字樣，不同族裔之間的各種歧視、偏見和紛爭，仍然是屢見不鮮，處處存在。

在此所謂的偏見（prejudice），指的是對於某一群人所持有的沒有合理原因的負面態度，代表著各種先入爲主、說不出原因來、不公正和爲了不喜歡而不喜歡的想法。舉例來說，人們心中以爲猶太人不精明、日本男人會打老婆、法國女人會紅杏出牆、意大利人是黑手黨，以及中國人都有一身拳腳功夫等，一竿子打翻一船人，一切「有的沒的」各種想法，都算得上是不折不扣的偏見。

歧視（discrimination）則是將偏見具體化，成爲剝奪他人基本人權的一切負面行爲！在美國歷史上白人對於黑人的歧視、中國人門當戶對的婚姻觀念，和印度人的階級觀念，不論是古往今來，都曾製造出許許多多人與人彼此之間的傷害、爭端和戰爭。不幸的是，這些痛苦的經驗卻只如冰山的一角般，透露著人類歷史上更多的歧視事件。

小眼看人低？

根據近代的研究結果顯示，在美國的社會中，雖然成人和成人彼此之間，因爲種族和文化的不同而引發的問題已逐漸減少，但是過去四十年以來，存在於四歲至七歲孩童心中的各種偏見，卻仍然居高不下，絲毫未減。

爲什麼成長中的兒童會比大人們更有偏見，更容易「小眼看人低」呢？

原因在於，處於這一個年齡階段的孩童，他們正在發展著分門別類（categorize）的能力，因此，他們也會自然而然地將這項新學會的本領，運用在生活中各項有形和無形的事物之上。

分門別類簡單的說，就是分辨異同。幼小的兒童最容易犯的一個錯誤，就是「以管窺天」，只知其一不知其二地亂下結論。比方說，寶寶會自以爲聰明地認爲：「爺爺有白頭髮，所以凡是有白頭髮的人也必定都是爺爺！」

幼兒們尚且生澀的分類本領，再加上他們容易亂下結論的傾向，容易造成他們不分青紅皀白的偏執（prejudiced stereo types），我們經常聽到不知不覺出自於孩子們口中：「唷，女生膽子太小，動不動就要哭！」和「男生笨手笨腳，畫圖很難看！」等的論調，這些正是他們心中的偏執想法。假如這些偏執的想法在孩子尚且年幼時，沒有被家長們及時地糾正，也沒有被較爲客觀和容忍的觀念所取代，那麼這些偏見即會在孩子的心中扎根，隨著寶寶一日一日的成長而逐漸壯大，不僅愈來愈難以拔除，還很容易引導孩子誤入歧視的不良境界。

因此，家長們目前所必須努力做到的一件重要工作，就是要用盡一切方法，把握住每一個可能的機會，讓寶寶知道，人與人之間的不相同（例如膚色、省籍、性別、宗教信仰……等）是一件再自然不過的事實，我們要努力學會承認、接受、尊重這些不同之處，更應該開開心心、滿懷感激地來看待這些有意思的「變化」。一切的拒絕接受、輕蔑和歧視，不僅全都是多餘的，反而還會爲自己帶來更多的麻煩。

親愛的家長們，請您要盡全力去做，試試看，您能不能教會寶寶「不計包裝，只看內容」地來看待他所接觸到的每一個人，如此，寶寶才能高明地穿越層層「外在的障礙」，成功地與一個又一個溫暖、真誠、熱情和美好的生命直接相遇呀！

據實相告

該怎麼做，才能眞正地教會寶寶不偏執、不歧視地來看待一切與他不同的人呢？很簡單也很重要，家長們務必做到據實以告，陳述眞理，絕不加油添醋地將個人之見（尤其是偏見）混入於寶寶的教導之中。

如果五歲的佳佳問媽媽：「爲什麼小傑的皮膚這麼黑？」此時媽媽可以很自然地回答：「喔！因爲小傑的爸爸是黑人啊！」等到過了幾年，寶寶再大一些的時候，對於同樣的問題，媽媽也可以解釋得更加清楚一點：「我們每一個人的皮膚中，都存在著一種特殊的化學物質，叫做黑色素（melanin），黑色素愈多的人膚色就愈深，我相信小傑的皮膚下面一定有很多的黑色素喔！」

至於類似於：「嗯，小傑的媽媽嫁給一個黑人，黑人的祖先全部住在非洲，是一個十分蠻荒的地方喲！」或是：「沒錯，小傑有一半黑人的血統，黑人早期全是奴隸！」等摻雜著成人偏見的解釋，敬請家長們還是趁早不提了吧！

您的孩子有乃父乃母之風嗎？

在幫助寶寶建立對於文化差異健康和正確心態的過程之中，許多的家長們都會有一種：「其實自己心中那一道偏見的關口，才是眞正最難的挑戰啊！」的感慨。

沒錯，在我們每一個人的心中，或多或少都存在著一些來自於成長過程中的「思想包袱」，或是悲情，或是偏差，往往會在我們不經意間流露出來。舉例來說，有很多人認爲女性駕車必然技術不入流，最好敬而遠之，同樣的，心中抱持著「萬般皆下品，唯有讀書高」的人也仍然不在少數。

除此之外，有些父母本身曾經是歧視行爲的受害者，在他們的內心深處仍然潛藏著許多的傷痕、痛苦和仇恨（例如二次世界大戰時期被德軍迫害的猶太人），在這種情形之下，最好的做法，依然是竭盡所能地，不要將上代一的恩怨，有意無意地轉移到下一代的身上。雖然很難，但是《教子有方》鼓勵並期勉您，爲了寶寶的好，爲了讓他能在新的世代擁有更大、更廣、更多不被傷害的空間，請您一定要「兩肋插刀」，勉力爲之喔！

總結本文，生長在這一世代的人都應該明白，愈是能夠超然，大方地處理文化差異的人，愈能夠在文化多元的世界中站穩腳步，坦坦盪盪頂天立地地生活。

這不是一個容易的課題，親愛的家長們，讀到此處，請您要休息一下，閉閉眼睛，伸伸腿，喝一口茶，然後，我們邀請您再接再厲，繼續下文「大肚世界觀」。

爲了寶寶，也爲了您自己，更爲了未來整個地球村的和諧與幸福，讓我們共同來探討，一起來幫助寶寶「擴大肚量」，以能撐下世間百樣不同的人文、風俗、信仰等各式的文化差異！

大肚世界觀

延續上文有關於文化差異的討論，我們將在本文中爲家長們介紹多種實際的方式，幫助您將新世紀的世界觀，早早地落實在寶寶的生命當中。

有備無患

對於許多寶寶有可能會提出的問題，家長們不妨在「閒來無事」時，即事先預想好正確的答案，以免您在不備之時，隨口答出一個收不回來的錯誤答案。想想看，對於：「媽媽，那個小孩爲什麼坐在輪椅上？」、「爲什麼小明的媽媽不吃肉？」、「爲什麼電視上這些女人全都蒙著面紗？」……之類的問題，您是否已經擬好腹稿，知道該如何來回答了嗎？

假如您眞的不知該如何回答（例如：「爲什麼這個男人包著高帽子一般的頭巾？」），那麼我們建議您應該即時，並且直截了當、明白清楚地對寶寶說：「唔，這件事情爲什麼會如此，爸爸也不知道欸！」請您千萬要避免過長的沉默、思考和假裝沒聽到的刻意迴避，以免讓寶寶心中產生各種錯誤的臆測！

懂得心靈急救

當幼小的兒童因爲歧視的言語和行動而受到身心的傷害時，父母們應當及時挺身而出，雖然不能制止惡意的攻擊（例如：「你是山地人，我們不和山地人玩！」），卻可以立即展開心靈的醫療和護理。

舉例來說，有心的家長們可以立即在寶寶的耳旁悄悄地說：「沒關係，他說你是豬，你並沒有變成豬啊！」和「別理他，他自己並不了解自己在說些什麼！」

嚴格糾察

父母們也要隨時保持警覺，對於寶寶所顯示出一切偏執和歧視的言行舉止，請務必勿枉勿縱，絲毫不可放過。

在此我們所謂的「不可放過」，並不是建議家長們應該對寶寶「嚴刑拷打」施以「大刑伺侯」。許多時候，成長中的寶寶會有口無心地，「試播」他近來所新學到的一些話語和行爲，對於孩子來說，這是極其自然的學習過程，因此，這也絕對不是一個家長們修理和教訓寶寶的原因。

我們建議家長們，每一次當您逮到機會時（例如寶寶邊看電視邊說：「看，這是印度人，又臭又髒，好噁心！」），建議您要緊緊地抓住這條「小辮子」，針對這個事件或話題，打破砂鍋和寶寶長談到底，無論如何，要想辦法讓他明白「對於和我們不一樣的人，我們沒有權利去輕視或嘲笑他們，我們更加沒有權利去傷害他們」的道理。

親愛的家長們，現在您懂了嗎？每一次當您逮到寶寶的言行出軌時，並不表示「寶寶該倒楣了」，相反的，這是提醒您「應該多花一些時間、精力和唇舌在寶寶身上啦！」身負寶寶的教養重任，請您千萬不可選擇在此時偷懶喲！

開誠布公

在您和寶寶討論文化差異的話題時，請抱著一顆開放、誠實和坦白的心，以簡單明朗的方式，一針見血地爲寶寶點明問題的所在，並且提出有效的解決之道，如此，寶寶才能眞正地學會處理文化差異的正確方法。

譬如說，對於同是中國人，爲何有台灣人、外省人和大陸人之分的問題，您可以說：「台灣人最先到台灣，外省人後來，而大陸人則仍然住在大陸！」的簡要方式，清楚地對寶寶交代事實的眞相，不要因爲扯出許多的前因後果，反而混淆了寶寶的了解。

中性對話

在和寶寶說話的時候，家長們需要學習使用中性名詞，來取代具有兩性色彩的名詞。譬如說「警察」而不是「警察叔叔」、

「護士」而不是「護士小姐」、「司機」而非「司機先生」等，都是您在日常生活之中可以略施巧思，免除在不知不覺中灌輸了寶寶性別偏見的例子。事實上，如此的說法不僅不含歧視，也能比較正確地反應現實，確切地描述眞正的人生。

出淤泥而不染

這是一項不僅父母們不容易學，對於孩子來說更加困難的本事，雖然如此，《教子有方》仍然勉勵家長們要努力爲之。

環境之中來自於師長、朋友、報章雜誌、電視電玩的訊息，對於我們每一個人的影響都龐大得不得了，這股來自於「同儕」和「輿論」的壓力，會令大多數的人都棄甲投降、高舉雙手表示效忠。

舉例來說，假如大多數的電視廣告和節目，都以女性穿圍裙、男士騎摩托車爲標準模式，那麼身爲觀眾的寶寶，即在無形之中接受到了許多性別角色的偏差歧見。

身爲家長的您，必須要隨時隨地如偵探一般，對於這些無孔不入的「外來影響」，務求各個擊破，避免寶寶無辜地「中彈」。除此之外，您還要能早早幫寶寶穿上「防彈衣」，爲他培養「擇善而固執」的道德勇氣，和「不向偏差輿論低頭」的正義感。試試看，您能不能夠大方地鼓勵寶寶，要和社會上各種不同階層人士的子女做朋友？選擇任何他所愛好的興趣（即使是男孩子學芭蕾舞，女孩子學相撲）？以及不顧眾人議論地，不喜歡時下流行的「超人」？

主動出擊

有心的家長們還可以藉著書籍、影帶、品嚐國際美食、參加多元文化的各種活動、出國旅遊，以及志願成爲國際交換學生寄宿家庭等，以各種積極且主動的方式，來拓展寶寶的視野，並且在經年累月的潛移默化之中，撐大寶寶的「世界肚皮」，以便有朝一日，他的胸襟與氣慨眞能做到「放眼千里、容納百川」的地步。

樹立偶像風範

最後一點，我們願意再一次提醒家長們，至少在目前，您仍然是寶寶心目中最具有影響力的超級偶像！成長中的孩子，不僅一言一行、一舉一動全都朝向您看齊，您的一切思想和情感，他也會依樣畫葫蘆，繪聲繪影地據爲己有。

因此，親愛的家長們，請您別忘了要謹言慎行，每一個眼神、每一個臉色，都要留心，千萬不可因爲一時的不自覺，而帶給寶寶終生無法擺脫的錯誤影響。

總結本文，我們由衷地呼籲家長們，和平，不論是一個家庭、一個社會、一個城市、一個國家，或是整個世界的和平，全都是人類代代必須面臨的難題和挑戰。教導寶寶尊重文化差異並能大方地看世界，不僅能夠爲寶寶未來的一生帶來數說不盡的益處，對於全體人類，也是一件功不可沒的大事喔！

書香世界快樂多

如何帶領寶寶走入快樂勝於黃金和美女的書香世界呢？

有些家長們深知讀書樂趣多，但卻求好心切地在孩子尚未準備好之前，即向寶寶強勢推行讀書運動。結果是，「不上道」的寶寶似乎總像是「扶不起的阿斗」一般，令父母大嘆：「天生不愛唸書的料！」

相反的，有些家長們錯誤地認爲，教導寶寶讀書這件工作，完全是老師的責任，因此採取一副「干卿底事」不聞不問的態度，以致孩子白白錯失了許多學習的機會，更荒廢了無數寶貴的成長時光。

以下讓我們共同來探討，引導寶寶進入書香世界的最佳管道。

忠於寶寶的成長

親愛的家長們，讓我們暫時撇開寶寶必須學習讀書的壓力，先來看一看，您快要滿六歲的寶寶是否已經準備好，他可以開始讀書了嗎？方法很簡單，您只需要拿一本適合寶寶年齡的童書，花兩、三分鐘的時間和寶寶相處一會兒，答案立刻就可分曉。

一般說來，假如您的孩子堅持要求由您將內容讀給他聽，或者只是逐頁注視著插圖，那麼這已清楚地顯示出，寶寶還不想，也還沒有準備好進入閱讀的世界。

您必須耐著性子，等到寶寶「首先發難」，指著書中的文字試著自己唸，要求您一遍又一遍地告訴他某一個字代表著什麼意義，甚至於搖頭晃腦，邊看書邊自言自語，等到了那個時候，您即可發動全力，開始帶領寶寶敲開書香世界的大門囉！

口沫橫飛為兒效力

培養寶寶閱讀興趣最好的辦法，就是由父母們多多地爲他唸故事書，這種沉浸在濃濃親情中的學習，即使到了寶寶已經可以自己唸書之後，仍然會是他樂此不疲的最愛。

在爲寶寶唸書時，您可以參考以下的建議，以提高寶寶學習的興趣和效率：

- 鼓勵寶寶自由挑選他所喜歡和感興趣的書。
- 選擇一個安適清爽、不被打擾的地點。
- 關掉電視、音響、電話、手機和電腦，專心一意地爲寶寶唸書。
- 盡您的一切力量，將書中的故事，生動活潑亦帶著各種情感地「表演」出來。

• 間歇性地停下來，聽聽寶寶的感想，或是問問寶寶的意見，例如：「寶寶你覺得小花狗怕不怕？」和「如果是你，現在該怎麼辦呢？」

此外，我們還想要提醒家長們，請您務必要刻意經營好為寶寶唸書時的氣氛，別忘了，這是一項「愛中的學習」，因此，您要選擇一個您自己心平氣和的時間（例如一天工作全告一個段落的晚餐後），邀請寶寶和您一起「享用」一本好書。而當寶寶顯示出疲倦不專心的跡象時，您也要能夠立刻見好就收，絕對不可強迫寶寶繼續做您的聽眾，以免造成寶寶心中對於此事的恐懼或厭惡。大致說來，五、六歲的孩子每一次能夠「規規矩矩」、靜下心來聽您唸書的時間不會超過三十分鐘，假若您還有多出來的時間，那麼何不保留給自己，為自己讀一本書吧！

全方位教學

除了經常為寶寶唸書之外，家長們還可以參考以下的建議，全面出擊，一鼓作氣帶領寶寶學唸書。

利用卡片紙將家中用具全部貼上「字幕」（例如「冰箱」、「電視」、「床」、「桌子」、「寶寶的毛巾」……等），將文字世界擴大到他的生活之中，讓寶寶養成與文字作伴、打交道的好習慣。

對自己許下一個承諾，定期帶寶寶逛書店和圖書館，讓寶寶自由挑選他所喜歡的書籍。此外，假如寶寶近來突然對於某個主題特別感到有興趣，那麼家長們也可把握機會，多多張羅一些相關的書籍，趁著寶寶的興頭，引導他與書親近。

還有一個十分別緻的方式，那就是請寶寶自己編出一個簡單的小故事，寶寶每說一句，家長就在一張紙上工整地寫出那一句，等到全寫完了後，您即可帶著寶寶共同來「拜讀」他的大作。除此之外，家長們也可以幫寶寶「聽寫」一封信，帶著寶寶讀幾遍，寄出去，等收到回信之後，寶寶必然會雀躍不已，迫切地想要展讀回函呢！

最後，還是那句老話，如果家長們能夠以身作則，讓寶寶親眼目睹到「書本」對於您的魅力，那麼他必然也會興致勃勃，努力地跟隨您的腳步，從小養成愛看書的習慣喔！

親愛的家長們，讀完了本文，相信您已準備好，要牽著寶寶的小手，共同在書香世界之中盡情遨遊！《教子有方》祝福您和寶寶兩人都能滿載而歸。

提醒您！

- ❖ 不可忽略了朋友對於寶寶的重要！
- ❖ 要早早撐開寶寶的肚量，以能容下整個世界喲！
- ❖ 現在就為寶寶唸一本書吧！

迴　響

親愛的《教子有方》：

真沒想到，居然又被我找著了您，二十四年以前，我在老大剛出世時訂閱了六年的《教子有方》，沒想到這麼多年之後，我的老大也和我當年帶她的時候一樣，整天捧著《教子有方》學習如何教養我的外孫女。

我們祖孫三代，真心地謝謝您！

柯淑卿

美國北卡羅萊納州

第十一個月

寶寶的生命由誰掌管

成長中的孩子可塑性極高，也非常容易因為外來的影響，而改變了行進的方向和軌跡。親愛的家長們，我們將在本文中，為您仔細探討對於寶寶擁有重大影響力的人與事。在您展讀本文之前，願不願意先猜看看，在寶寶未來的生命中，誰才是最具權威、最最神氣的「主控者」呢？

沒錯，答案就是：「我自己呀！」身為寶寶的父母和啓蒙師，您對寶寶的影響之龐大與深遠，足以主宰和改變他未來的一生，甚至於再下一代的命運，因此，就讓我們從「您」來開始以下的討論吧！

父母之於寶寶

首先，讓我們一起來想一想，父母在孩子的心目中，到底扮演著何等舉足輕重的角色？親愛的家長們，您不妨回想一下您自己的成長經驗，對於您的父母，是否有許多的愛慕、許多的依賴，也有許多的敬重和畏懼？您是否曾經（或是一直）非常在乎父母對您的想法？迫切地渴望父母對您的肯定？為了取悅父母，您是否願意改變您自己的計畫、放棄您的意見，甚至於委曲自己的身心？而您的一生到目前為止，又有多大的比例是來自於您的父母呢？現在，您明白了父母對於孩子的影響力有多麼、多麼的大了嗎？

接下來，請您再仔細地思考一下，成長中的寶寶對於您的感受又是如何？您的喜怒哀樂、愛恨嗔痴，是否完全牽引著寶寶的一言一行、一舉一動？

您是否已經注意到了，不止寶寶的心情會隨著您的心情而起伏，他的興趣、愛好、品味和言行舉止也幾乎全是您的翻版？處理事情的方式、遇事的反應，是否也活脫正是您的縮影？

那麼您該如何是好？如何才能讓自己成爲寶寶生命之中，甜蜜美好的精髓？如何又能不使自己成爲寶寶一生之中，揮之不去的痛苦夢魘？

我認識我自己

您必須要先對您自己擁有「徹頭徹尾」、「由裡而外」、完全且深入的了解，您要了解自己的個性，自己的優點和缺點、長處和短處，一切的記憶，一切的傷痕，一切的斬獲、志向、理想和人生計畫，您都必須鉅細靡遺地，擁有正確和整齊清楚的「自我了解」（self-understanding）。

對於以下這些問題，您是否能夠毫不考慮地將答案說出來：

- 什麼事會使我高興？
- 在人生的經驗中，哪一件事對我造成的傷害最深？
- 對於狡猾奸詐的人和事，我會如何反應？
- 得意忘形的我會是什麼樣子？
- 最生氣時的我又是什麼樣子？
- 我對自己的期許是什麼？
- 我不喜歡和什麼樣的人做朋友？
- 爲什麼我特別的喜歡或特別的討厭某一項人、事或物？
- 我會選擇哪一些簡單的字眼來形容我自己？

……。

親愛的家長們，假如您在一時之間，對於以上的問題無法完全回答清楚，那麼《教子有方》建議您，在此暫時先打住您的閱讀，放下本書，花一些時間，也許是幾分鐘，也許是幾個小時，也許是幾天，甚至要更久，開誠布公勇敢地面對自己，爲自己的生命來一次大掃除，仔細清理每一個角落，搜出每一份您所願意看到和不願意看到的自我，膽大心細地將自己做個總整理，直到您可以不經思索地回答出以上所列，以及更多有關於您自己的問題，對於自我擁有了全盤和正確的了解，到了那個時候，請您再快快拾起本書，繼續閱讀本文接下去的部分。

我接受我自己

在您看清楚了自己是一個什麼樣的人之後，請問您，您能夠接受並且珍惜那個眞實的自我嗎？

自我接受（self-acceptance）不是一件容易的事，也不是一件誰都能做得到的事，但是如果您能將自己提升到自我接受的境界，那麼您的生命之中必定會有更多的平安、快樂和幸福的感覺。

簡單的說，自我接受的先決條件，是腳踏實地絕不好高騖遠地看清楚自己的能力所在，知道「什麼是我辦得到的？」和「什麼是我辦不到的？」。

舉個實際的例子來談，假如您一直希望自己擁有傲人的身高，可是您的身高卻始終停留在中等高度不再有進展，那麼您在此時只有兩種選擇，一是自怨自嘆，自哀自憐，抱怨自己的基因不夠好，營養不夠好，妒恨他人魁梧（或高眺）的身材。另一則是完完全全接納自己的身高，珍惜自己的身高，並且享受此種身高所帶來的種種好處。唯有能夠接納自己的人，才會毫不遲疑地選擇後者，也唯有在選擇了後者之後，您才可以坦蕩地面對其他的人（尤其是擁有您理想身高的人），這其中即包括了成長中的寶寶。

十分重要的一點是，唯有當父母認清了自我能力的上限所在，誠心地接納了自己的不足之後，父母才能眞正地珍惜自我，尊重自我，也才不會將自己的遺憾轉嫁到孩子身上，盼望孩子幫您完成您所無法完成的心願，一圓您所未完成的美夢。

親愛的家長們，讀到此處，您願意爲了自己，也爲了寶寶，即時開始著手進行這項「了解自我」和「接受自我」的生命整合工作嗎？要知道，假如您和您的另一半都能擁有這兩項寶貴的能力，那麼您的寶寶必然也能因爲父母的行事作爲，而成長爲一個「自然而然」地，能夠了解並接受自我的快樂新生命。爲了親子共同的好，您要努力加油喔！

寶寶之於寶寶

談完了以上您對於寶寶的影響，現在讓我們再來看一看另外一項能夠影響寶寶的重要因素，那就是寶寶他自己。

每一個生命都是獨一無二舉世無雙的，成長中的寶寶除了必須遵循生命的本身爲他量身打造、早早設定好的發展時間表之外，還要能容許自我個性、潛能、喜好、傾向都有足夠的發展空間，他會擁有別人望塵莫及、得天獨厚的特質與能力，也會擁有屬於他自己的困難和痛苦。

因此，親愛的家長們，您要努力和認眞地去了解成長中的寶寶，毫不保留地接受那個最原始、最不經雕琢的寶寶，尊重他，正如尊重身旁每一位成人一般，如此，您才能幫助寶寶充分地因他自己的優點所喜，而不爲他的缺點所困，將自己對於自己的影響力，正向發揮得淋漓盡致，令人鼓掌叫好。

手足之於寶寶

不可否認的，兄弟姊妹在成長的過程中，和未來的一生中，都會彼此深深地影響。他們或是親暱友好，或是敵對仇視，或是互相幫助，或是彼此較勁，總而言之，他們若不是在人生的旅程中彼此扶持依靠，就是成爲對方無法擺脫的甜蜜包袱。

一般說來，在孩子們還小的時候，年幼的弟弟妹妹多半是兄姊們的「跟屁蟲」，問題既多又愛找麻煩，但是等到全體兄弟姊妹們都大到某一個程度時，彼此之間休戚與共、相親相愛的親情和友情就會逐日增長。多數的情形是，兄弟姊妹們會自動放棄過去的「恩怨」，代之以更成熟、更圓融的手足之情，以互相成爲彼此生命之中的寶貴資產。

親愛的家長們，姑且不論手足之情，兄弟姊妹在日復一日的互動之中，對於彼此所產生的影響，絕對是您所不可輕易忽視的，成長中的寶寶不僅能在其中接受到心智的激盪與學習，更能因而建立健康的自我意識，並培養出成功的社交本領。因此，《教子有方》建議您要努力置身「他們手足」之外，由著孩子們自由自在不受干擾地來往（當然啦，您還是要時時從旁督察，以防暴力意外事件因孩子的無知而發生），讓他們充分地享受手足之情所帶來的正面影響。

環境之於寶寶

來自於家庭之外的人、事和物，也會對寶寶產生重量級的影響。中國人古時孟母三遷的典故，最能道盡環境對於成長中幼兒的重要性。

親戚、鄰居、老師、同學、街坊是活生生的影響力，而電視、收音機、電腦、電玩、電話等則是意識上的影響，對於家長來說，這些防不勝防、無孔不入的影響力，您要隨時「放哨」，一旦發現「可疑不良形跡」，就要立即「正法」，務必「斬草除根」、「趕盡殺絕」，以免日後如「春風吹又生」般的後患無窮。

總括本文，寶寶成長中的身心社交發展，無時無刻不受到各種「外力」的影響，有心的家長們必須時時留意，從自己、寶寶、手足和環境的立場全面掃描，免除負面的阻力，務使一切的影響爲寶寶帶來整體的正面效應。

有關於音樂

大多數的家長們對於寶寶學音樂都會有許多的問題，該不該學音樂？什麼時候開始學最好？學哪一種樂器呢？利用哪一種理論來引導寶寶入門呢？家長們該如何做才能幫助寶寶增加音樂的本領？而家庭中又該如何安排，才算能夠薰陶寶寶的音樂氣質呢？以下是《教子有方》爲您所提供的答案和建議。

音符洋溢的家

培養寶寶對於音樂的興趣，建立寶寶的音樂品味，帶領寶寶認識音樂，爲寶寶勾畫出一個有音樂相伴的人生，家長們所能採行最簡單的方法，就是從「家」開始下手。

成長中的孩子，不論是多麼的幼小，都會對他們自己所發出的聲音感到有興趣，舉個例子來說，小嬰兒會對他自己手搖沙鼓製造出的聲音覺得特別的好玩，兩、三歲的孩子喜歡拿著鍋鏟湯勺，敲打鍋碗瓢盆，雖然聽在大人耳裡是吵鬧不堪的噪音，但是對於寶寶而言，卻是不折不扣、貨眞價實的音樂。

整體來說，各式各樣不同的聲音，對於成長中的寶寶而言，全都是奇妙無比的有趣音樂。舉凡搖鈴、鈴鼓、沙鼓、鐵琴、小鋼琴、口琴、三角鐵，只要能夠發出聲音並且製造出韻律和節拍，全都會是寶寶所喜歡的玩具。

我們願意提醒家長們一點，在這個電子科技發展極爲進步的時代，請您要儘量多爲寶寶預備一些「天然的」聲音，儘量減少一些「人工的」聲音。也就是說，多讓寶寶聽聽灑水聲、撥弦聲、敲擊聲等日常生活中自然的音韻，而要避免寶寶整日與電子音樂（如電子琴、手機響聲、電鈴等）爲伍，如此才能爲寶寶培養出自然天成、毫不矯作、不受人工電子樂聲所影響的「純正音感」喔！

音韻十足的父母

除了爲寶寶布置一個洋溢音符的家之外，家長們還可以「親自」將自己化作音韻的使者，爲寶寶搭建與音樂建交的友誼橋梁。

您該怎麼做呢？很簡單，您只要張開嘴巴發出聲音，舞動雙手雙腳，隨著節拍移動，即可完成此項任務。舉例來說，您可以不時哼哼唱唱、說笑逗趣兒，閒來無事，還可自編自唱一些「有的沒的」小曲大調。

而假如您對唱歌實在是「技窮」，那麼您不妨試試各式的口技，從模仿大自然的聲音開始，風聲、水聲、蟲鳴、鳥叫、狗吠、雞啼……等，全都是好的對象，假如您過去不常，或是從來沒有試著發出「人聲以外」的聲音，那麼爲了寶寶，現在正是您一試「嘴功」的大好時機呢！

除此之外，幾乎每一位成長中的寶寶都喜歡帶動唱之類的活動，寶寶會有樣學樣，跟著哼唱，並且舞動身體，完全徜徉在樂聲之中！因此，家長們也可拿出帶「團康」的本領，帶著寶寶同聲歡唱，同步起舞，您可以從以下的童謠開始：

- 「火車快飛」（大人在前，雙手往後牽住跟在背後的寶寶，邊聽邊時快、時慢地，模仿火車駛過原野和高山）。
- 「醜小鴨」（帶著寶寶，雙臂內夾如小鴨翅膀般，隨著曲調上下拍動，雙腳外張呈外八字狀，隨著節拍左右踏步）。
- 「頭、肩膀、膝、腳趾」（隨著歌詞和音樂，一遍比一遍更快地和寶寶比賽，看誰能不出錯）。

當然囉，其他還有更多更有趣的帶動唱，即使不是兒歌，只要您略施巧思，必定也能爲親子雙方製造出數說不盡的同樂時光。

有心的家長們，還可以多多帶領寶寶參加各種不同的音樂盛會，古典的、爵士的、流行的、懷古的，全都可以去聽聽看，感受一下不同樂風所帶來不同的心境。

總而言之，假如父母們能夠「不計形象，搏命演出」，將自己化身爲音樂使者，那麼成長中的寶寶必能輕鬆自然地，和音樂建立起牢固的情誼。提醒您，以上我們所介紹的每一項活動，請您這位音樂使者，務必將之保持在寶寶可以愉快接受並享受的程度，不可太長令寶寶生厭，更不可太嚴峻令寶寶生畏，多多加以豐富的變化，如此，才可達到「賓主盡歡」的理想地步喔！

何時開始上正式的音樂課

這個問題的答案，因人和各種不同的因素而異，孩子的本質，家長、老師和所採用的方法，都必須列入考慮。

首先，讓我們來談一談寶寶本身的特質，就整體而言，他要能夠學習樂譜、樂理，還要能夠打從心底欣賞「自己的」音樂，因此，他的性情和心態要達到一定的成熟，才能夠冷靜和沉著地，應付學習音樂所必須面臨的練習和挑戰。

雖然對於某些資質秉賦十分優異的孩子們來說，他們在三到五歲之間即可接受正式的音樂教育，但是大部分的孩子們在這個階段，則只適合參與一些團體的音樂「學前」活動。

除此之外，寶寶的音樂資賦也是考量的重點，他是否對於音樂擁有濃厚的興趣（例如寶寶會不會試著在鋼琴上或口琴上自我摸索，「尋出」一條他所熟悉的樂曲）？他對於節拍是否擁有準確的敏感度（例如寶寶可以隨著樂曲正確地拍手附和，不快也不慢，也不會時而中止，時而繼續）？對於旋律，他是否能夠清楚地捉準（例如寶寶可以正確無誤，不走音也不變調地唱完一首歌）？

假如寶寶已經具備了以上的條件，身爲家長的您，此時是否也能付出足夠的決心，以及願意參與、大力相助的承諾呢？要知道，孩子學音樂除了金錢上免不了的開銷之外，您還要肩負起接送、陪練和鼓勵（但不相逼）的重任喔！因此，在您的寶寶正式開始學音樂之前，您除了要撥撥算盤計算一下家中的預算，更應該估量一下您自己的時間和心力，在沒有做好十分萬全的準備之前，千萬不可貿然就說「我願意」啊！

至於音樂老師，對於初學音樂的寶寶而言，他們經常都是決定寶寶學音樂是否成功的關鍵人物。家長們在爲寶寶「物色」合適的音樂老師時，請別忘了要愼重考慮此人的性情和對於兒童的親和力，要知道，在寶寶目前這個階段的音樂教育，重點應放在興趣的培養和基本功夫的訓練，千萬不可期望老師能夠在短時間之內，就將寶寶教得有如「神童莫札特」般，能夠「神乎奇技」地做一場完美的演出。畢竟，幾千年來，「神童莫札特」只此一人，別無後繼啊！

等到音樂老師的人選大致決定了，家長們可以和老師溝通教學的方法。雖然音樂的理論有許多不同的派別，但是只要家長們能抱持著客觀的立場，和老師共同選擇一套適合於寶寶的理論，別忘了「條條大道通羅馬」，孩子對於音樂的喜好和追求，才應是您最最重要的著眼點。

親愛的家長們，現在您知道該如何爲寶寶挑選正確的時機，展開他的音樂教育了嗎？

該學哪一種樂器呢？

鋼琴和小提琴是大多數孩子們的「入門樂器」，鋼琴是鍵盤樂器，是寶寶閱讀五線譜和學習樂理理想的選擇，小提琴則屬於弦樂器，體積不大，容易操作，尺寸的大小可以隨著寶寶的成長而更換，這兩種樂器可算得上是音樂世界中，不分軒輊的重要角色，不論學習哪一種，都是優質的「上選」。

由於鋼琴的價格昂貴，而小提琴需要定期更換，在寶寶剛剛開始學習樂器、興趣尚不明顯的時候，家長們不妨考慮購買或租借二手琴，等到日後寶寶的「音樂事業」稍具規模之後，再考慮購買新琴（甚至於名琴）即可。

要學多久才能學得好？

這是一個許多家長們經常提出的問題，然而很不幸的，這也是一個沒有人能夠提出正確答案，也絕對無法預測的問題。

在此，我們只能根據經驗告訴家長們，只有一小部分學音樂的孩子，會在日後成爲職業的音樂工作者，那麼您也許會問，之後沒有成爲音樂家的孩子，數年的心血和努力就全都白費了嗎？當然不是，《教子有方》要鼓勵家長們，暫時不要在目前「遙想」寶寶日後成爲「馬友友第二」，請您要多多著重學音樂對於寶寶整體心智發展的滋長與助益。

音樂進補身和心

某些樂器（例如鐵琴和鼓），可以訓練寶寶大肌肉的穩定性，另有一些樂器（例如鋼琴和小提琴）需要手指靈活的彈性和張力，是鍛鍊寶寶小肌肉敏銳迅捷的好方法。整體說來，學習樂器對於寶寶最大的好處，就是他的手眼協調能力（eye-hand coordination）會因此而大大地提增，這一份了不起的本領，會在日後寶寶寫字、打字、繪畫以及凡是需要考驗「心、眼、手」協調反應的工作中，發揮出強而有力的效果，讓寶寶能夠「如虎添翼」般地從事這些工作。

此外，當寶寶邊奏樂器，邊忍不住哼哼唱唱的時候，他的聲帶會因爲不斷的練習，而鍛鍊得十分強壯堅韌，他的吐吶和呼吸也會因而得到整合與協調的機會。

除了身體的好處之外，音樂也會帶給寶寶許許多多心靈方面的好處。

首先，成長中的孩子會在學習音樂的過程中變得比較專心，寶寶會有比較敏銳的聽力，久而久之，他還會發展出「過濾雜音」、「萃取佳音」等的超級本領。此外，在學習認譜操琴的過程中，成長中的寶寶必須學會將音樂的訊號，經過大腦的翻譯，藉著樂器的演奏，落實爲「活生生」的旋律，經過日積月累如此的練習，寶寶的抽象思考能力（abstract thinking abilities）也會因而變得既成熟又敏銳。

學習音樂還可增強寶寶的記憶力，不論是聽覺記憶（aural memory）、視覺記憶（visual memory）、結構記憶（tactile memory）還是分析性的記憶（analytical memory），都會因爲寶寶學習樂器而變得又快又好。不用說，這一項人人羨慕的本領，在日後寶寶求學的過程中，必將大大地爲他提高牢記知識和準備考試的能力喔！

其他還有許多心智方面的成長，例如空間的概念（spatial concepts，上和下、裡和外、高和低、遠和近等）和時間的概念（temporal concepts），也會因爲寶寶學習音樂，而得到大大的激發和活化。

音樂美化人際關係

藉著各式各樣的音樂活動，寶寶可以認識更多「古往今來」的各色人物，他的生活層面會因此而廣增，視野也會因之而擴大，自然而然的，寶寶利用音符所編織出的「人脈網路」也將逐日多元化。

對於寶寶自身而言，他會因爲每日的練習，而發展出支配和管理時間的能力。不可否認的，學習樂器需要練習，而練習需要花時間，該如何將練習樂器成功地安插到每日的活動行程當中，絕對是寶寶必須學會的一項功課。

此外，對於寶寶已經成功地學得很好的樂曲，他需要不斷地複習，免得日久生疏，而對於簡單好學的曲子，他也會懂得不需要花太多的功夫去練習，以免浪費時間。最最重要的，在學習樂器的過程中，寶寶需要犧牲其他的玩耍，下定決心堅持到底不放棄，久而久之，追求理想、不屈不撓、堅毅卓絕的美好特質，就會成爲寶寶性格中難以抹滅的重要部分啦！

許多家長們或許不知道，但卻極爲重要的一點是，學習樂器還可增進寶寶的自信心和正面自我意識，爲孩子日後所需的領導能力，奠定好厚實的根基。

最後，也是最重要的一點，愛子心切的家長們一定要隨時銘記在心，從小學習音樂和樂器所能帶給寶寶最大的好處，就是一份未來一生中時時相伴、排遣寂寞、陶冶心情、舒緩焦慮和點綴生命的最佳幫襯。音樂帶來許許多多的歡愉，也帶走許許多多的憂愁，學音樂對於成長中的寶寶絕對是一項一本萬利的天大好事喲！

看起來像什麼

形狀認知（form perception）是寶寶日後在學習認字的時候，必須借助到的一項十分重要的能力。因此，本月我們爲家長們所介紹的兩項親子活動，都是可以幫助寶寶增加形狀認知本領的趣味遊戲。

到底是什麼？

這是一張非常有名的雙重圖像畫面（見下圖），畫面之中包含了兩種完全不同的影像，可以充分地挑戰每一個人的形狀認知能力。

定睛凝神盯著這張畫片看一會兒，假如您專注於畫面中黑色

的部分，那麼您所看到的一定是一張桌子或是一個蠟燭台的側影。相對的，假如您將視覺的注意力集中在畫面的白色部分，那麼您所看到的則是兩張面對面的人臉側影。

有意思吧！在您自己「看個過癮」之後，請慢慢地帶著寶寶來玩這個遊戲。一開始的時候，寶寶也許會不明所以地看得「小眼昏花」，但是只要家長們能夠耐著性子，慢慢地教導，那麼寶寶必定也能從這張「模稜兩可」的圖畫中，得到許多意想不到的趣味。

除了好玩之外，這種「遠看像貓，近看像狗，其實是狸」的形狀辨識訓練，也可幫助寶寶日後在鑽研學問時，避免落入「形狀」的陷阱中。親愛的家長們，想想看「太平」和「天平」、「B」和「13」、「丈夫」和「大夫」等，不全都是我們在日常生活和書本中所經常遇到的形狀陷阱嗎？

手影

另外還有一個訓練寶寶「形狀認知」能力的有趣活動，那就是傳統的手影遊戲。

玩法十分簡單，在一間完全黑暗的屋子裡，先帶著寶寶和其他的家人坐在一片光滑牆壁的前面，在您的身後點亮一盞燈，伸出您的雙手，試著在牆壁上創作出各式各樣不同的手影（如下圖），讓寶寶和圍觀的家人輪流來猜猜看，想想看，現在這個手影看起來像是什麼。

是鴨子？是天鵝？是火雞？還是大雁？

您也可以邀請寶寶伸出小手，試試看，他能不能變出一隻展翅中的大老鷹？

以上這兩種遊戲，不僅都能夠幫助寶寶學習如何從朦朧模糊之中，將合理的形狀「萃取」出來，還可以訓練寶寶觀察細微變化和組合圖形特徵的能力。這些重要的本領，全都會在日後寶寶求學時派上極大的用場。親愛的家長們，請您務必要睜大雙眼，帶著寶寶「用力地看」喔！

小小讀書人

延續上個月「書香世界快樂多」（詳見208頁）一文，本月我們再接再厲，爲家長們討論並且介紹幾項能夠幫助寶寶成爲「小小讀書人」的好方法。

閱讀是求學的先決條件，因此《教子有方》認爲每一個成長中的孩子，都應盡其所能地發展出成功的閱讀能力。當然啦，要達到這個目標，學校和家庭都必須肩負起應盡的職責，但是就責任的分配比例和歸屬來說，家長和老師不僅所扮演的角色十分不同，所應承擔的職分也有極大的差別。

從許多方面來看，家長在家中所肩負的啓蒙重任在於基礎和扎根，而老師在學校裡所負責的則是開花、結果、收成、加工並製作。也就是說，父母們在家中爲寶寶培養出「熱切想要讀書」的興趣，日後在學校裡將被老師用來教導寶寶學習閱讀的「竅門兒」（例如中文的筆劃部首，英文的拼字、文法和標點等）。

一位滿腔熱血想要學會讀書的學生，在課堂內所獲得的益處，絕對要比不情不願來上學，無可無不可來學讀書的孩子，要多得許多。因此，親愛的家長們，在培養「小小讀書人」的重要使

命之中，您的首要任務就是要爲寶寶開發出一股想要閱讀和追求知識的狂熱。

該怎麼做呢？根據兒童發展專家們的研究結論，我們將從以下四個不同的角度切入，來幫助家長們培養「小小讀書人」的閱讀興趣。

以閱讀爲家風

親愛的家長們，閱讀在您的家中是一種蔚爲流行、經久不衰的時尙嗎？您的家人，包括您自己在內，都喜歡人手一書安靜地閱讀嗎？在您住所的廳堂之中，是否存放著大批經常被抽取、可以一讀再讀的好書？而您們日常的家庭活動，是否也是經常性地包含了逛書店和上圖書館？捫心自問，您認爲閱讀這一件事，是您生命中一件不可或缺的重要之事嗎？

《教子有方》在此願向家長們大聲疾呼，要培養小小讀書人，最簡單也最容易的方法，就是將寶寶每日所處時間最長的大環境——家，打理爲一個「無處不是書」、「處處可讀書」、「好書隨手取」，猶如圖書館一般的閱讀場所，並將寶寶最親近、最景仰的人——您自己，化爲一位「深諳書道」的內行人，這麼一來，在場景和人物的「雙重加壓」之下，寶寶會不得不選擇將閱讀列爲生活中優先重要的活動，他也會懂得，讀書並不只是一件純粹發生在學校課堂中的嚴肅學習，而是和生活息息相關，可以調劑心靈的「林蔭大道」。

久而久之，隨著經年累月的浸淫和薰陶，寶寶自會進入「書中自有顏如玉，書中自有黃金屋」的美好天地。

以報紙爲誘餌

除了閱讀傳統的書籍、雜誌之外，家長們還可以將其他各種不同形式的知識媒介介紹給寶寶，在報紙、網路、廣告、說明書、使用手冊……等五花八門的可讀之物中，《教子有方》建議家長們大力使用「物美價廉」的報紙，來作爲激發寶寶讀書慾望的「可口誘餌」。

報紙的好處多多，藉著報紙，寶寶可以和動態的社會取得即時的連線，增廣見聞並且深入了解周圍世界的種種內涵。許多的報紙都會闢出「兒童版」，定期提供一個專爲成長中的兒童設計的閱讀天地，是家長們可以多多利用的「寶寶閱讀教材」。

還有一個寶寶可以輕鬆「下手」的好地方，那就是報紙上的漫畫版，漫畫版以簡易的圖畫和精簡的文字，來表達逗趣討喜的內容，正好可以在幫助寶寶養成閱讀好習慣的同時，還培養出一份達觀的幽默感。試試看，有許多成長中的幼兒，在適當的指引和導護之下，都會「一頭栽進」漫畫世界中，展開他一生一世的閱讀不歸路。

假如您的寶寶喜歡運動，那麼報紙上一張運動員的相片，必能吸引寶寶的注意力，您可以把握機會，在寶寶觀看相片的同時，爲他解讀附註的文字，帶領他藉著閱讀取得他深感興趣的知識（例如精采片段、球員動態和輸贏積分等）。

總而言之，報紙是一項家長們可以用來培養寶寶閱讀習慣的「入門踏腳石」，我們鼓勵家長們每天都要多多利用喔！

以電視爲媒憑

就事論事，電視對於寶寶的閱讀，其實會帶來負面的影響，寶寶花在看電視上的時間，原本全都是可以用來閱讀的。

然而，在當今科技進步的社會中，兒童觀看電視已成爲一個不爭且無法改變的事實。根據統計，在美國長大的兒童，從出生到十八歲這段日子中，平均會花一萬五千個小時的時間來看電視，相形之下，他們平均花在閱讀上的一萬一千個小時，即顯得十分的「弱勢」了。迫於這種「寡不及眾」的時勢，我們不得不努力試著在敗中求勝，將電視轉化爲引導寶寶閱讀的媒介。

首先，家長們可以爲寶寶挑選品質優良的幼教節目或錄影帶，讓寶寶可以邊看電視邊學習一些閱讀的技巧（例如方塊字、英文字母、注音符號、阿拉伯數字、標點符號和簡單的文法），以便能在日後更加輕易地學會閱讀。

其次，務請家長們養成習慣，陪著寶寶看電視，千萬千萬不要天天以電視爲保母！因爲唯有如此，您才可以確實掌握寶寶所吸收到的知識，也才能透過您的努力，將寶寶看電視從一種完全被動的「被洗腦」，轉變爲有來有往的「互動式」學習。說得實際一點，家長們要能在寶寶看電視時採取主動，對寶寶提出各式各樣必須經過思考方能回答（甚至於回答不出）的問題（例如：「這隻大鯨魚住在哪兒啊？」、「大鯨魚吃什麼呢？」、「大鯨魚爲什麼會噴水呀？」）

對於寶寶回答不出來，但是他卻深感興趣的題目，家長們即可把握機會，趁機帶著寶寶去書本中、百科全書中、書局和圖書館中，做一些文獻蒐集的工作，藉著翻書，找出令寶寶心滿意足的答案。

親愛的家長們，在書本和電視對於寶寶的生命這一場血淋淋的爭奪戰之中，請您要努力再努力，絕對不可輕言失敗，更加不可不戰而敗喔！

以人生經驗爲催化劑

一個人對於閱讀的渴望，本就源自他對於生命本身的熱愛和追求，因此，愈是豐富完整、活潑生動、全方位、多元化的人生經驗，愈是能夠激起生命的火花，令成長中的孩子在眩目之際，萌生出許多不得不從書中求得滿足的愛慕意念。因此，親愛的家長們，您可要打起精神，興高采烈地帶著寶寶去體驗這個多彩多姿的美妙人生喔！

帶寶寶出門去玩，去搭火車讓寶寶學著讀站牌，去動物園讓寶寶試著讀動物簡介牌，去郵局讓寶寶學習貼上正確郵資的郵票，去銀行讓寶寶看著您塡寫存提款單，去超市讓寶寶學習閱讀標籤……，這些活生生的知識，請您千萬不要在寶寶的閱讀教育中遺漏了。

親愛的家長們，在讀完了本文之後，請休息一會兒，伸伸懶腰，歇歇腿，喝口水，做一個深呼吸，然後，請您從現在就開始，分秒必爭地以本文所建議您的方法，開始陶養您的小小讀書人，加油，再加油！

提醒您！

- 要為寶寶邀請優秀的生命掌門人喔！
- 快快培養小小讀書人。
- 找個有空的夜晚，陪寶寶打打手影吧！

迴 響

親愛的《教子有方》：

從長子剛出世的那個月開始，我就虔誠地拜讀每一期的《教子有方》，依樣畫葫蘆地帶大了聰明又懂事的孩子，也仔細保存了全套的刊物，真是有一種「少不了它」的感覺。

現在我們即將領養一名小嬰兒，我深信《教子有方》將再一次成為我的祕密武器，成功地教養這份上天所賜的禮物！

感謝您所提供的知識和鼓勵！

安愛德

美國馬里蘭州

六歲

恭喜您！《教子有方》應屆畢業生！

哇！寶寶六歲啦！親愛的家長們，恭喜您！我們誠摯地恭喜您！寶寶生命頭一個，也是最重要的一個六年，終於在您的悉心帶領之下，順利成功地告了一個段落。不容易，眞是不容易！我們願意拍拍您的肩膀說聲：「六年來您辛苦啦！」展望未來，您必然還會經歷到許許多多爲人父母的挑戰，親愛的家長們，您可要放寬心懷、踩穩步伐，勇敢堅定地繼續陪著寶寶邁向似錦的前程喔！

世代交替

還記得在我們自己小的時候，父母高高在上，我們矮矮在下，對於父母加諸在我們身上種種不公平和不了解的待遇，我們都曾經暗暗在心中發誓：「等我將來長大了，我一定不會這樣對待我自己的孩子！」

在寶寶尚未來到這個人世之前，我們都曾一再地告訴過自己：「我不會沒有耐性」、「我不會對寶寶發脾氣」、「我更加不會小題大作傷害寶寶幼小的心」、「我不會對寶寶施加不必要的壓力」、「我也不會無理取鬧，胡亂批評」……。

我們無法了解，爲什麼口口聲聲說愛我們的父母，居然會心口不一地傷害我們，令我們感到痛苦無比？在我們和寶寶之間，這種令人百思不解無法理喻的行爲，是永遠不會發生的！

物換星移，時空轉換，總算我們也有孩子了！我們已明白爲人父母不是一件簡單的事，更不像是我們在孩提時代所想像的那麼容易。

現在的我們想法不一樣了，生活的重心、思考的方式和對於人生的態度全和過去不一樣。令我們十分害怕的是，過去我們和父母之間的相處模式，居然自動自發，如歷史重演般，存在於我們和孩子的關係之中！

漸漸的我們發現，原來對於寶寶，我們並不能永遠「心想事成」，我們經常會「馬失前蹄」，事與願違的情形也經常會發生。這一層對於現實的認知，令我們心中難過得不得了，經常在夜裡輾轉反側無法自己！

我們譴責自己在寶寶面前的不良表現，我們也討伐自己對於寶寶所犯的錯誤，內心深處日益滋長的罪惡感，時時啃噬著我們的心靈，我們開始焦慮，變得緊張兮兮，神裡神經，怒火一觸即發，也因而對寶寶做出更多令自己不恥的壞事！天哪！

親愛的家長們，以上我們的描述，您認爲貼切嗎？您的心路歷程是否與此相似？對於您內心深處時而浮現的罪惡感，您是否正不知該如何處置？

無薪無假苦差事

升格爲父母是一件光榮的事，但是這份差事卻是極爲辛苦、極爲困難，並且十分的吃力不討好！

在我們的周圍有太多的人，時刻不停地在叮嚀我們：「要做個好爸爸／媽媽喔！」但是卻沒有人能夠眞正伸出援手助我們一臂之力；有太多太多雙雪亮挑剔的眼睛在盯著我們看，只要我們稍有鬆弛或疏失，就會引來多如流星般的批評和責備，但是眞正爲我們加油、打氣甚至於鼓掌喝采的人，卻是少之又少。

您在職場上的工作也許是高級主管，也許是基層員工，但是可確定的一點是，不論您的職業是什麼，不論您喜不喜歡目前的工作，或多或少您必然能夠領到一份薪水。

假如您創作了一件精美的藝術品，您的才能會得到許多的讚美和肯定，您會聲名大噪，名揚千里，令您爲自己感到由衷的快樂和滿足。

但是，假如您卯足全力，成功地將孩子造就成一位善良正直、聰明睿智、負責有爲的好公民，根據我們的估計，大概不會有任何人付給您任何的薪水，也不會有任何人對您豎起大拇指，高聲讚好，更不會有人發給您一座獎杯或是一枚獎牌來肯定您的表現。

親愛的家長們，對於您目前這份沒有薪水、沒有獎金、沒有假期，永遠不能辭職的工作，您感到還算滿意嗎？

點滴報償自在人心

那麼在這個提倡「養兒不爲防老」新觀念的時代中，生兒育女就注定只能付出無法收穫了嗎？當然不是！

我們都知道，相信您也必然不會反對，這份令人人趨之若鶩，一旦上任之後必須要做牛做馬、操心費神的苦差事，不但有報酬，而且報酬直接來自於工作的本身，豐厚美好到任誰只要嚐到一丁點的甜頭，就會無法自拔地甘心簽上一紙「賣身契」，再也不會反悔了！

還記得襁褓時期寶寶在沉睡中如天使般的笑容嗎？還記得躺在您懷中那一團香噴噴、粉嫩嫩的甜蜜嗎？還記得您剛打開家門，寶寶連滾帶爬地撲到您身上時的心情嗎？還記得他勾住您的脖子像橡皮糖般死命掛在您身上時的賴皮嗎？還記得昨夜睡前他嘟起小嘴，在您的面頰和心田中所留下的清脆一吻嗎？還記得……。

這些數說不盡，濃得化不開的溫馨情景，不全都是天價的薪水和優渥的紅利嗎？

這些報償會讓您覺得一切的辛勞、挫折、失敗、氣惱、憤恨和筋疲力竭全都值得了，全都在轉瞬之間煙消雲散了！

親愛的家長們，在此我們必須要清楚地點出一個重點，那就是：

您之所以得到這些報償，並不是因爲您從來不曾犯錯，並不是因爲您的表現完美零缺點，而是因爲您的用心良苦，您的在乎和您的愛，因爲寶寶知道您用心良苦，寶寶知道您在乎他，寶寶更加知道*您愛他*！

因爲有了您不斷的支持、鼓勵和關懷，寶寶得以放心大膽地成長，毫無顧忌地做他自己，也因此而能信心滿滿地迎向屬於他的人生！同時，他會成爲您快樂和幸福的源泉，也會不斷地爲您帶來嶄新的難題和挑戰。

親愛的家長們，正因爲您是《教子有方》多年來忠實的讀者，我們確信您對於教養寶寶這一件事是極度的認眞，我們深知您的愛子心切，我們更加明白您願意爲寶寶「赴湯蹈火，在所不辭」的心意！因此，我們相信您必然早已領到了屬於您的那份無可言喻的豐厚報償！

成功的配方

有了以上的決心和愛心，如果能夠再配合以下所列的兩項配方，那麼您在教養子女的這件工作上，必然是勝算在握，成功也必定是指日可待：

- 您必須眞心地喜歡您和寶寶的這份親子關係。
- 對於您自己的所作所爲，您必須多少有一些信心。

以上這兩項缺一不可的成功要領有一個共同的特點，那就是當您在心煩意亂不知所措的當兒，您是絕對無法辦到的！

可愛的親子關係

請您慢慢地、仔細地想想看，在您和寶寶之間的關係中，是否有令人滿意的？又是否有令人心煩的？

令人滿意的親子關係（例如父子一塊去露營），是否本就是您所傾心、您所喜歡的（您原本就喜歡野外生活）？相反的，那些令您頭疼不已的親子關係（例如寶寶不肯乖乖地坐好由媽媽餵他吃飯），是否本來也是您的弱點呢（您自己吃飯的時候，是否也喜歡邊吃邊做別的事情）？

瞧！這下子您懂得了您自己和您的心情，是決定親子關係是否成功的關鍵了吧！延續上述的例子，對於一個不喜歡露營的父親而言，父子共同去露營，必然不是一件令他感到愉快的事，那麼這件事情要嘛不會發生，即使發生，也必然不會好玩，不會有趣，更加不會成功。

同理可推，假如上述的媽媽能夠在寶寶不肯乖乖吃飯時，立即想起自己同樣不喜歡一口氣把整頓飯吃光，那麼這位媽媽必然比較能夠心平氣和、不動肝火地耐下性子來餵寶寶吃飯，使原本注定不良的親子關係從敗部復活，轉變而成爲良好的親子關係。

親愛的家長們，現在您知道該如何來經營一份親子皆開心、可愛又可喜的親子關係了嗎？

可貴的自信心

無庸置疑的，身爲家長的您一定要能夠對寶寶付出一份毫不懈怠、毫不失誤的支持和毫不保留的鼓勵！然而，人是軟弱的，人需要休息，人會有力不從心的時刻！因此，如果您對於自己的要求是百分之一百的零缺點，那麼這絕對不是一個合理的期望值，您必定要感到失望，您也必然要折損許多自信心。

親愛的家長們，請您一定要相信，人生之中不論您做任何事，錯誤總是必然的，您不必害怕犯錯，不必刻意掩飾，更不必逃跑迴避，您只要抱著一顆平常心對自己說：「人非聖賢，孰能無過？」那麼，您即可豁達地接受自己的錯誤了。

接著下來，您要爲自己的錯誤感到慶幸：「若不是因爲這次的錯誤，可能永遠都無法察覺自己此處的軟弱和缺點呢！」您必須學會從失敗中記取教訓，改善自己，讓自己變得更好，讓下一次的錯誤變得比較不容易發生。還記得「失敗為成功之母」這句話嗎？親愛的家長們，請您千萬不要害怕自己會犯錯，多多的犯錯沒有關係，只要您每一次所犯的不是相同的錯誤，那麼您的生命必然能夠在歷經錯誤的淬礪之後，一次比一次變得更好，一次比一次更上一層樓，而終能登峰造極，閃耀生輝。

假如您到目前為止仍然對自己抱持著一份「零缺點」的期許，那麼《教子有方》提醒您，要留神，不要讓緊張的心弦繃裂傷人，要當心，不要讓焦躁不安的情緒氾濫成災！對於自己做出「完美演出」的要求，並不能幫助您成為一位好爸爸／媽媽，反而會壞了您的大事啊！

要知道，在教養子女的各種方法中，沒有一樣是百分之百的正確，也沒有一樣是百分之百的錯誤，更加沒有一樣是永遠管用的萬靈丹，不論您是願意還是不願意，您都必須要有「邊做邊學」、「邊犯錯邊進步」的能力，方才能夠完成這件在您一生之中所承包過最為浩大的工程。

還是早早拋開「零缺點」的想法吧！

您要滿載而歸！

親愛的《教子有方》應屆畢業生們，還記得我們一貫的立場嗎？《教子有方》六年以來，努力為家長們所提供的是一套完整的知識和指南，幫助您選擇一個最適合您的家庭，也最能令您感到自信和心神愉快的教子之方！

六年以來，我們一再地強調「和寶寶站在同一條陣線上」、「同一個鼻孔出氣」的重要，現在我們要再一次帶領您從寶寶的立場出發，來決定教養寶寶的方式。

回想起來，當寶寶弄得滿頭滿臉、滿身滿地全都是牙膏的時候，當寶寶因爲長牙而整夜哭喊不休的時候，當您累了一天、另一半進了門卻比您更累的時候，當郵差寄來的全是賬單的時候……，您一路走來，必然辛酸，必然痛苦！您既然不是無敵鐵金鋼，那麼又何需苛求自己仍要保持冷靜、保持理智、親愛、溫和、公平、尊重且鼓勵地對待寶寶呢？

請您千萬不要爲了寶寶而虐待自己，不要因爲自己急怒之下沒有體貼到寶寶的心，而用罪惡感壓死自己。請放心，受了委曲的寶寶一定能夠身心健全地好好活下去，您必須要誠實地讓他明白，您也是人，當您受不了的時候，如果他再火上澆油找麻煩，那麼他的不善解人意必定會爲他「惹禍上身」，這是一門重要的功課，寶寶必須要學會。那麼，他如果能從您的身上早早地學會這個道理，是不是要比多年之後，他從一個眞正盛怒的外人身上痛苦地學習，會來得容易接受得多呢？

爲人父母是一件艱難無比的工作，對於《教子有方》的應屆畢業生們，我們寄予無限的尊重和敬佩！別忘了，您會擁有屬於您的好日子，在那些日子中，您是電影和書本中的標準好爸爸／媽媽，寶寶是極優秀的好孩子，您所有善意的出發點全都得到了善報，也全都結出了善果，人生實在是再完美不過了。同樣的，您也會遇到令人抓狂的壞日子，一切事情全都扣不上環節，寶寶處處和您逆著來，您變成社會新聞上所登載的「虐兒爸／媽」，如果能夠的話，您眞想請辭不幹啦！

在大多數其他的日子裡，您也許只是按時撞鐘，忙忙碌碌到了一天結束的時候，居然想不起日子到底是怎麼過的！

在這許許多多日升日落的日子裡，您會有漂亮的成果，您也會犯錯！別忘了，犯錯是生命的一部分，只要您努力從痛苦的錯誤中修正和學習，日後必有享受成功的一日。

不論如何，只要您繼續努力，繼續爲了愛寶寶而奮鬥，那麼到頭來一切終會水到渠成，寶寶也會成功地長大成人。

別忘了，千萬別忘了，寶寶成長和發展的過程快得不得了，一轉眼之間，您的重任即將卸下。我們希望《教子有方》的畢業生，每一位都能把握住當下的快樂，好好地享受寶寶的成長，一分鐘都不要錯過！我們願意您要喜樂豐收，滿載而歸！

六歲成長里程碑

（請在此表空格處打勾或記下日期，爲寶寶六年來的成長做個總整理）

心靈與情感

____喜歡參與富於競賽意味的運動（例如賽跑、籃球、棒球等）。

____喜歡玩規則簡易好學的桌上遊戲（例如跳棋、紙牌大富翁等）。

____爲自己選擇合意的玩伴（以同性居多）。

____了解物品、空間的主權和所有權，但是仍然會因爲不由自主地我行我素而犯規。

____懂得自己的各種情緒（如喜怒哀樂、想念和害怕）。

____可以利用言語（而不是肢體）來表達自己的憤怒。

____會做出保護弱小的舉動。

____喜歡爭取同伴們的注意。

____以取悅父母爲樂。

與人溝通

____說話十分清楚、十分流利，但是對於捲舌音（ㄓ、ㄔ、ㄕ、ㄖ）和平舌音（ㄗ、ㄘ、ㄙ）仍然會經常弄不清楚。

____懂得全部的文法，但是不見得規矩地按照文法來說話（例如寶寶也許仍然會說：「我拿書包去上學！」）。

____喜歡和親友在電話上交談。

____更加經常地以禮貌的話語（例如請、謝謝、借過、對不起和不客氣）來與人說話。

____喜歡反覆地哼唱一些熟悉的童謠兒歌。

____能夠根據一本只有圖片的書，編出一個故事來。

____不斷地詢問新字和新詞的意義。

四肢體能

____在一條直線上以「腳跟對腳尖」的方式筆直地向前走和向後退。

____左腳右腳皆可單腳連續跳十次。

____在户外的遊樂架上快樂地爬上爬下。

____相當準確有力地踢一個足球。

____輕而易舉地騎一輛腳踏車。

____雙手一起接住一粒滾動中的網球。

____自己穿衣和脫衣，鈕釦、拉鍊和鞋帶全都難不倒他。

____吃飯的時候可以自己使用刀、叉、筷子和湯匙。

____用一把小小的安全剪刀，剪出許多不同的圖樣。

____幫忙做一些簡單的家事（如掃地、收玩具和爲植物添水）。

心靈智慧

____整天都在問「爲什麼」。

____擁有較長的專心期（attention span）和注意力（concentration skills）。

____懂得比較尺寸和重量的差別（例如大小和輕重）。

____正確地指出自己的左手和右手。

____喜歡玩對對看的遊戲（例如拼圖、紙牌湊雙等）。

____實際生活中的人事（例如老師在課堂內教書、超市收銀員工收錢等）已取代幻想中的人物（如大恐龍、小仙女等），而成爲寶寶扮家家酒的主要內容。

此表僅供參考之用，所有的兒童都是按照不同的速度與方向來成長和發展，他們在每一項成長課目上所花的時間，也是完全不一樣。此表所列出的項目，代表六歲大的寶寶所有「可能」達到的程度，一般說來，大多數健康而且正常的兒童會在某幾個項目中表現得特別超前，但是也會在其他項目中，進展得比「平均值」稍微緩慢一些。

一生健康的保證

除了要輔佐寶寶的心靈智慧走上正軌發揮潛能之外，家長們對於寶寶的身體健康，也應該付出同等的心力。

近代醫學和營養學的研究都已清楚地顯示出，兒童的飲食問題，包括了肥胖症和厭食症，正有愈來愈嚴重的趨勢！

兒童肥胖症

兒童肥胖症通常會在寶寶四、五歲之前就早早地顯現出來。原因有很多，遺傳基因、飲食不當或者飲食過度，都可單獨或共同地導致肥胖症出現在成長中的兒童身上。值得家長們注意的是，一個肥胖的孩子，長大之後並不見得一定會成爲一位肥胖的大人！但是，當家庭之中有肥胖的歷史存在時，胖寶寶長大之後會變成胖大人的機率，也就會大幅上升了！

根據統計的結果顯示，當父母之中有一方肥胖時，子女的肥胖機率是百分之四十，而當父母雙方皆肥胖時，子女的肥胖機率即會累增至百分之八十。值得慶幸的是，這些因爲父母肥胖而增加的肥胖機率，並不完全肇因於肥胖的遺傳基因，不當的飲食習慣也是一個相當重要的推手。

這是如何得知的呢？曾有大型營養學研究追蹤數千對分別被不同家庭所領養的同卵雙生兒，結果發現，遺傳基因完全雷同的同卵雙生兒長大之後的胖與瘦，居然和領養父母的胖瘦有著極大的相似之處。由此我們得知，外在飲食環境，正強而有力地操縱著我們每個人的營養與健康，也更慶幸地明白，縱使我們擁有肥胖的基因，仍然大有可爲地可以利用正確的飲食習慣來加以抗衡。

肥胖症會帶給成長中的兒童身心雙方面的戕害！肥胖的女孩月經初潮的年紀會大幅提前，而肥胖的男孩也會提早經驗到青春發育期的快速增高。許多肥胖的兒童因爲對自己的外形沒有自信，產生了極端強烈的不安全感，也因而影響到他們與其他孩子之間的交往方式與品質。在學業成績的表現上，肥胖的兒童也大多顯得略遜一籌。

更加令人憂心的是，如果我們深究肥胖兒童之所以會肥胖的原因，必定會發現更多「令他因而肥胖」的身心問題，這些問題會和「肥胖後遺症」一起雙管齊下地糾纏著成長中的孩子。親愛的家長們，對於寶寶而言，這可是一份相當沉重的身心負擔啊！

兒童厭食症

因著社會大眾對於肥胖問題的日漸覺醒與重視，矯枉過正的結果，反而造成許多成長中的兒童（男女皆有），整日生活在「怕胖」的陰影之下，因爲不敢吃，而逐漸走上了厭食症（anorexia nervosa）的歧途。

厭食症的孩子由於長期缺乏營養與食物，除了正常的生長和發育會受到嚴重的影響之外，便秘、脫水、失眠、皮膚乾燥、斷髮、肌肉萎縮等問題，也會經常地干擾著孩子的生活。

根據一項中型的研究報告（大約三百名居住在美國中部的兒

童）所顯示，有百分之三十九的小學三年級女生和百分之二十九的小學三年級男生目前正在「節食」，因為他們害怕自己太胖，想要再瘦一點。

兒童自動自發節食減肥的原因，在於他們接收到大多父母們嫌自己太胖，需要節食瘦身的訊息，他們不懂得任何的營養知識，更不知道該如何平衡食物之中的養分和熱量，惡性減少養分的攝取，反而阻扼了身體正常的生長和發育！

兒童貪食症

另外還有一型大多不為人知，但是確實存在，並且愈來愈嚴重的兒童飲食問題——貪食症（bulimia），這一類型的孩子在大吃大喝、暴飲暴食之後，會偷偷地躲到一個別人不知道的地方，利用各種可能的方法，吐光腹中的食物，以免自己因為吃多了而變得太胖。

這一型的兒童之所以會暴飲暴食，大多因為完美主義的性格，自我要求高、苛責多，心中充滿了犯罪感和情緒消沉等的負面心理因素。長久催吐所造成生理方面的問題，例如胃酸侵蝕口腔牙齒和上消化道、電解質不均衡、顏面變形和營養不良等的嚴重後果，更會雪上加霜地打擊這個孩子的成長。

有心的家長們可得要不動聲色地仔細查訪喔！

運動能強身

綜觀以上所列各種兒童飲食營養不良的問題，運動不足是一項潛在的共同原因！現代的兒童們，每日生活中大部分的時間都是用來從事靜態的活動，上課、看電視、玩電動玩具、打電腦、打電話聊天和出門搭車等，全都是完全靜態的活動，他們因此而沒有時間，或是只有很少的時間，來從事肢體筋骨方面的活動。半個世紀之前的兒童們，整天爬樹捉魚，追風逐月，而現今社會的兒童們，即使是散步、騎腳踏車，也只是生活中的點綴而已。

根據美國小兒科學會（American Academy of Pediatrics）的統計，全美國有超過半數以上的兒童，每天所從事的運動量不足以維持他們的心臟和肺臟的健康。因此，親愛的家長們，《教子有方》盼望您能夠盡可能地帶領寶寶每日持續進行足夠的運動（至少三十分鐘），以使寶寶不會錯失運動所帶來以下的種種好處喲！

- 大肌肉的發展：固定的運動所能帶給寶寶最大的好處，就是一個更加強壯和更加健康的身體。
- 提增自信心（self-esteem）：肢體的健壯發展，左右著一個人對於自己的看法，也影響著旁人對於自己的觀感，是增進孩子自信心的好方法。
- 社交互動：當寶寶參加體能運動的各種活動時，必定要和更多不同的人（例如教練、同學和球友等）接觸和來往，也因此提供了寶寶許多鍛鍊社交本領的機會。
- 發洩精力：每日固定的運動，是成長中寶寶發洩健康活力的最佳管道，也是舒緩壓力的最佳途徑。
- 夜間好睡：一般說來，每日固定運動的孩子都擁有健康優良的夜間睡眠。
- 品學兼優：有不少的科學研究已發現，經常的運動可以加強心智活動的表現，也許是因爲在運動的過程中，腦部血液含氧量會隨之增加的緣故，大多數喜愛運動、經常運動的兒童，也都是品學兼優的好學生和好孩子。

有關於吃

談完了運動，我們要繼續爲家長們提供一些簡易正確的飲食守則，幫助您不僅在目前確保寶寶攝取到適量且均衡的營養，同時也爲寶寶即早建立健康的飲食習慣，保證他在未來一生之中，也能吃得營養、活得健康。

• 做好吃的榜樣：飲食的方法是一項生活的本事，光說不練是絕對沒有辦法奏效的。因此，親愛的家長們，爲了寶寶未來一生的健康，也爲了您自己的健康，您願意以身作則，讓寶寶看著您好好地吃，好好地運動嗎？

假如您的不良積習不能一時完全改過來，那麼至少在寶寶的面前，請您稍微節制一些，迴避一些，也刻苦一些吧！

• 從寶寶的靜態活動下手：親愛的家長們，請您要絞盡腦汁，想盡辦法，堅決不讓寶寶變成看電視或玩電動玩具的「沙發馬鈴薯」（couchpotato，譯者按：美式用語，形容一位邊看電視、邊吃東西、懶得運動、愈來愈胖的仁兄）。

您可以威逼也可以利誘，不論您用的是什麼方法，請記住，六歲的寶寶很能馴服地遵守一個每天固定的生活規律（例如：「三點鐘到啦！寶寶你應該要關掉電視去外面跳繩囉！」），但卻會對於單一突發的命令不願意規矩照辦（例如：「寶寶把電視關掉，從一放學就開始看電視，已經看得太久了，現在立刻關掉！」）。

• 養成健康飲食好習慣：切實遵守醫師和營養師的建議，利用三餐的機會，一次又一次，日復一日，經年累月地爲寶寶建立起一套健康飲食習慣。

求好心切的您，請別忘了「吃飯皇帝大」這一句話的提醒，不論如何，您都要將寶寶的時間經營得「色、香、味」俱全，讓身體和心靈的胃口都能暢意愉快地得到滿足，千萬不可在寶寶吃飯的時候，因爲任何冠冕堂皇的大道理（如營養新知、運動之必須等等），來找寶寶的麻煩，知道嗎？

在本文的最後，讓我們再一次爲您加個油，爲了寶寶未來一生的健康，您要全力以赴，不屈不撓、堅持到底喔！

我們的祝福

這眞是一個値得開心的日子，不僅您的寶寶慶祝六足歲的生日，《教子有方》六年以來以「寶寶說明書」自許的重任也告了一個段落。親愛的家長們，在放手讓您單飛之前，我們願意再一次爲您加油打氣，並附上我們深深的祝福！

身爲《教子有方》的創辦人，我們非常榮幸能夠有機會成爲您們家庭的一分子，能夠在您一生中最重要的工作上引導您、協助您、教育您、鼓勵您，並且在教養寶寶的路途上與您同行，成爲您的依靠和陪伴。

在這個您我相交六週年的日子，我們誠摯地邀請您寫下對於《教子有方》的感想和建議，讓我們知道《教子有方》在您和寶寶的生命中曾經扮演過什麼樣的角色？是否改變了寶寶的成長？是否修正了對於子女的目標和理想？您的經驗將會幫助我們重新檢視這份刊物，做出最正確的修改和潤飾。

最最重要的是，我們願意獻上無比誠摯的祝福，祝福您未來的日子，一切都好得不得了，祝福您所有的美夢全部成眞，祝福您的「教子有方寶寶」長大之後能夠擁有亮麗的儀容、成功的事業、滿意的生活……等世界上一切最爲美好的事物！誠如您們多年來對於《教子有方》的了解，我們是一份謀求實際、絕不好高騖遠的刊物，因此，我們還要祝福您的寶寶：「努力就好，平安就好！」

至於您，親愛的家長們，祝福您在以下的每一件事情上全都有好運：家長會、母姊會、鋼琴課、舞蹈課、畫圖課、英文課、童子軍、露營、話劇表演、感冒、小貓、小狗、烏龜、腳踏車、滑板、直排輪、矯正牙醫、棒球、籃球、足球、合唱團、樂儀隊、男朋友、女朋友、畢業典禮、駕駛執照……。

這一切全都等在您的面前，迎接著寶寶和您，我們希望經由《教子有方》，您已在寶寶生命中頭一個，也是最重要的六年中，爲寶寶奠定好了成功的一半——好的開始！

親愛的家長們，現在，您可以伴著寶寶展翅高飛囉！

《教子有方》發行人，唐・丹尼斯（Dennis D. Denn）

《教子有方》主編，克萊克爾・南西（Nancy E. Kleckner）

提醒您！

- ❖ 請為《教子有方》的全體工作人員給您的寶寶一個擁抱、一個親吻，並祝寶寶六歲生日快樂！
- ❖ 別忘了要提筆寫信或傳真給我們喔！
- ❖ 請將讀畢的《教子有方》傳給每一位有此需要的朋友！
- ❖ 要好好地愛您自己，愛您的孩子！

迴 響

親愛的《教子有方》：

隨著我的孩子一日一日即將滿六歲，我的心中卻不時湧出絲絲的不捨，捨不得讓我的小嬰兒長大，也捨不得有您相伴的日子。我會永遠懷念孩子的童年，和童年中的《教子有方》！

對我而言，《教子有方》是荒漠中的甘泉。家母已不在人世，婆婆年事已高，成長的過程中毫無任何帶小孩的經驗，但因為《教子有方》，我從「現在該怎麼辦？」的惶恐深淵中，晉升到了「不錯，一切都不錯的幸福天地！」

至於我的孩子，我盼望他能有勇敢駛過生命亂流的魄力，並且能夠經得起大風大浪的考驗，等到了風平浪靜的時候，仍能達觀開朗、快樂且充滿自信！

希望每一個兒童都能拿出他們在溜滑梯、吊單槓時所表現大無畏的精神，來編織他們的夢想！願他們能夠毫不遲疑地去解決生命中的每一個問題，願他們能以開放寬大的胸襟來接受生命中的每一個人，願他們長大成人之後，能夠成為社會的「好螺絲釘」。

最後，我們要對《教子有方》，我們的好朋友，說一句出自於內心的話：「謝謝您，謝謝您六年以來一直在我最需要幫助的時候，忠實地陪在我身邊，安慰我、指引我並鼓勵我！我會非常地想念您！」

笛契俐
美國紐約

國家圖書館出版品預行編目資料

5歲寶寶：家長一定要會的愛與尊重教養法／丹尼斯・唐總編輯；毛寄瀛譯.--二版--.--臺北市：書泉，2018.07
面； 公分
譯自：Growing child
ISBN 978-986-451-133-4（平裝）

1.育兒

428 107006867

◎本書初版書名爲「5歲寶寶成長指南」

3I05

5歲寶寶
家長一定要會的愛與尊重教養法

總 編 輯 — Dennis Dunn
作　　者 — Phil Bach, O.D., Ph.D., Miriam Bender. Ph.D.
Joseph Braga, Ph.D., Laurie Braga, Ph.D.
George Early, Ph.D., Liam Grimley, Ph.D.
Robert Hannemann, M.D., Sylvia Kottler, M.S.
Bill Peterson, Ph.D.
譯　　者 — 毛寄瀛（26.1）
發 行 人 — 楊榮川
總 經 理 — 楊士清
副總編輯 — 陳念祖
責任編輯 — 李敏華
封面設計 — 姚孝慈
內頁插畫 — 陳馥初
出 版 者 — 書泉出版社
地　　址：106台北市大安區和平東路二段339號4樓
電　　話：(02)2705-5066　　傳　真：(02)2706-6100
網　　址：http://www.wunan.com.tw
電子郵件：shuchuan@shuchuan.com.tw
劃撥帳號：01303853
戶　　名：書泉出版社
總 經 銷：貿騰發賣股份有限公司
電　　話：(02)8227-5988　傳　真：(02)8227-5989
地　　址：23586新北市中和區中正路880號14樓
網　　址：www.namode.com
法律顧問　林勝安律師事務所　林勝安律師
出版日期　2003年9月初版一刷
2018年7月二版一刷
定　　價　新臺幣320元